Danner-Schröder/Müller-Seitz
Qualitative Methoden in der Organisations- und Managementforschung

Qualitative Methoden in der Organisations- und Managementforschung

Ein anwendungsorientierter Leitfaden für Datensammlung und -analyse

von

Prof. Dr. Anja Danner-Schröder

Prof. Dr. Gordon Müller-Seitz

2. Auflage

Verlag Franz Vahlen München

Prof. Dr. Anja Danner-Schröder hat eine Juniorprofessur für Management Studies an der Rheinland-Pfälzischen Technischen Universität Kaiserslautern-Landau.

Prof. Dr. Gordon Müller-Seitz ist Inhaber des Lehrstuhls für Strategie, Innovation und Kooperation an der Rheinland-Pfälzischen Technischen Universität Kaiserslautern-Landau.

ISBN Print: 978-3-8006-7047-5
ISBN e-Book (ePDF): 978-3-8006-7048-2
ISBN e-Book (ePub): 978-3-8006-7049-9

Wihlemstr. 9, 80801 München
Satz: Fotosatz Buck, Zweikirchener Str. 7, 84036 Kumhausen
Druck und Bindung: Beltz Grafische Betriebe GmbH
Am Fliegerhorst 8, 99947 Bad Langensalza

Umschlaggestaltung: Ralph Zimmermann – Bureau Parapluie
Bildnachweis: Rawpixel – depositphotos.com

Gedruckt auf säurefreiem, alterungsbeständigem Papier
(hergestellt aus chlorfrei gebleichtem Zellstoff)

Vorwort zur 2. Auflage

Dieses Buch beschäftigt sich mit den Methoden der qualitativen Organisations- und Managementforschung und soll insbesondere einen anwendungsorientierten Leitfaden darstellen. Dabei greifen wir die positive Resonanz der ersten Auflage auf und erörtern aus einer Prozessperspektive heraus das übliche Vorgehen einer qualitativen Studie. Dies dient dem Buch als strukturgebende Basis und wird über die folgenden Kapitel abgedeckt: Fallauswahl sowie Ein- und Abgrenzung (Kapitel 2), Datensammlung (Kapitel 3), ausgewählte Datenanalyseformen (Kapitel 4) sowie das Aufbereiten von Daten zur Ergebnisdarstellung (Kapitel 5). Jedes Kapitel gibt zunächst einen allgemeinen Überblick über die jeweilige Thematik, bevor anhand zweier, von dem Autorenteam durchgeführten Studien praxisnahe Beispiele dargelegt werden. Abschließend bietet jedes Kapitel zudem die Möglichkeit, anhand ausgewählter Übungsaufgaben den jeweiligen methodischen Schritt zu reflektieren und auf die eigene Abschlussarbeit anzuwenden. Das Buch ist somit zum einen für Studierende der Wirtschafts- und Sozialwissenschaften sowie der Organisationssoziologie und -psychologie geschrieben, die während ihres Studiums noch verschiedene wissenschaftliche Arbeiten schreiben müssen. Zum anderen richtet es sich an diejenigen, die zum Ende ihres Studiums hin eine Abschlussarbeit verfassen müssen. In beiden Fällen besteht die Möglichkeit, diese Arbeit mithilfe eines qualitativen Studiendesigns zu erstellen.

Für die zweite Auflage haben wir zwei umfangreiche Überarbeitungen sowie kleinere Ergänzungen vorgenommen. Die umfangreicheren Bearbeitungsschritte betreffen das Auswechseln der eigenen Fallbeispiele. Wir haben neuere Artikel aus eigener Feder zugrunde gelegt. Motivation hierfür war einerseits die thematische Bandbreite noch weiter zu variieren, andererseits neuere Entwicklungen der Datensammlung und -analyse lebendig(er) mit einfließen zu lassen. Zudem haben wir Hinweise zum Transkribieren sowie zum Umgang mit Internet-basierten Daten ergänzt.

Bei der Erstellung dieses Buches haben wir von vielen Seiten Unterstützung erfahren. Unser Dank für zahlreiche Anregungen während der Manuskripterstellung gilt Prof. Dr. Matthias Baum, Dr. Olivier Berthod, Prof. Dr. Timo Braun, Prof. Dr. Daniel Geiger, Prof. Dr. Dennis Hilgers, Assistant Professor Dr. Sylvia Hubner, Prof. Dr. Stephan Kaiser, Prof. Dr. Elke Schüßler, Prof. Dr. Dirk Steffens und Prof. Dr. Jörg

Sydow. Einen weiteren Dank schulden wir unseren Studierenden der Kurse „Qualitative Methods" (Masterkurs) und „Qualitative Methoden" (Doktorandenkurs), deren Feedback und engagiert-kritische Auseinandersetzung mit den Methoden im Unterricht für die Entwicklung des Buches von zentraler Bedeutung waren. Für die Schlussredaktion möchten wir uns bei Angelina Horbach bedanken. Nicht zuletzt geht unser Dank an Herrn Thomas Ammon vom Vahlen Verlag, ohne den die Erscheinung dieses Buchs nicht möglich gewesen wäre.

Kaiserslautern, im März 2023

Anja Danner-Schröder und Gordon Müller-Seitz

Inhaltsverzeichnis

Abbildungs- und Tabellenverzeichnis

Abkürzungsverzeichnis

CDU	Christlich Demokratische Union Deutschlands
CE	Collectively Exhaustive
DAX	Deutscher Aktienindex
DRK	Deutsche Rote Kreuz
ME	Mutually Exclusive
SPD	Sozialdemokratische Partei Deutschlands
THW	Technisches Hilfswerk
U.S.	United States
VW	Volkswagen

1. Möglichkeiten und Herausforderungen qualitativer Methoden der Organisations- und Managementforschung

Ausgewählte Lernziele

Nach der Lektüre dieses Kapitels sind Sie in der Lage, ...

- ... die Möglichkeiten qualitativer Methoden in der Organisations- und Managementforschung zu erläutern,
- ... Beispiele anzuführen, warum sich Ereignisse oder Kontexte nur schwer einer experimentellen Untersuchung unterziehen lassen und
- ... die Nutzung dieses anwendungsorientierten Leitfadens für Ihr Forschungsprojekt einzuschätzen.

1.1 Problemstellung und Ausgangslange

Die Auseinandersetzung mit **qualitativen Methoden in der Organisations- und Managementforschung** sowie in der Praxis stellt eine **gängige Herausforderung** dar, der sich **Studierende** häufig stellen müssen. Im Gegensatz zu quantitativen oder experimentellen bzw. formal-analytischen Methoden werden Sie schnell bemerken, dass dies dadurch erschwert wird, dass es für qualitative Methoden **wenig Standards** mit Blick auf die Durchführung sowie Qualitätssicherung gibt. Dennoch wollen wir an dieser Stelle bereits die gängigsten Methoden, wie Beobachtungen, Interviews und Dokumentenanalyse nennen, um ihnen einen ersten Eindruck zu vermitteln. Ein weiterer wesentlicher Unterschied zu quantitativen Methoden liegt darin, dass empirische Studien kaum – wir würden sogar behaupten gar nicht – replizierbar ist. Denken Sie beispielsweise an eine empirische Studie zur Fußballweltmeisterschaft in Katar 2022, der kriegerischen Auseinandersetzung zwischen Russland und der Ukraine oder die Betrachtung der Friday-for-Future-Bewegung. Diese Beispiele sind zu einem gewissen Grad einmalig und lassen sich nicht – wie im Fall von Experimenten – an anderer Stelle replizieren, da die Untersuchung jeweils hochgradig von dem betreffenden Untersuchungskontext abhängig ist. Dies ist zwar eine wesentliche Limitation und Herausforderung qualitativer Sozialforschung in der Organisations- und Managementforschung, macht jedoch aus unserer und wahrscheinlich auch aus Ihrer Sicht gleichzeitig den besonderen Reiz aus. Mittels qualitativer Forschung können daher in dem jeweiligen Bereich neue Phänomene identifiziert, beschrieben oder gar erklärt werden.

Angesichts dieser Beobachtungen verwundert es nicht, dass hierzu bereits eine Reihe an Literaturstellen existiert. Im deutschsprachigen Raum dominiert beispielsweise das von Flick (2007) abgefasste Buch „Qualitative Sozialforschung: Eine Einführung", welches mittlerweile in der siebten Auflage verfügbar ist. Das Werk ist mit über 600 Seiten vergleichsweise umfangreich und deckt inhaltlich ein sehr breites Spektrum an Themen ab. Bei Interesse für einzelne Methoden lassen sich ebenfalls entsprechende Werke identifizieren, etwa zum Führen und anschließenden Analysieren von Experteninterviews (Gläser, Laudel 2010). Im englischsprachigen Raum ist die Situation ähnlich, etwa mit Blick auf das Standardwerk von Silverman (2016) zu qualitativer Forschung. Illustrativ sei auf das noch näher zu erörternde Buch zum Fallstudienansatz von Yin (2017) hingewiesen.

Wenngleich diese Monografien bezüglich der Themenbreite und teilweise auch hinsichtlich der Tiefe der Auseinandersetzung beeindrucken, lassen sich insbesondere für deutschsprachige Werke **zwei zentrale Schwächen existierender Lehrbücher** festhalten:

- Erstens lässt sich als zentrale Limitation festhalten, dass die Lehrbücher wenig anwendungsorientiert abgefasst sind. Üblicherweise werden die jeweiligen **Methoden rein „technisch" vorgestellt**, mithin deren Merkmale detailliert erörtert und deren Vor- und Nachteile aufgezeigt. Allerdings machen unsere eigenen Forschungs- und vor allem auch Lehrerfahrungen immer wieder deutlich, dass trotz aller Details, die in diesen „Bleiwüsten" dokumentiert werden, eine Lücke zwischen „Methodentheorie" und praktischer Umsetzung verbleibt, die überbrückt werden muss. Viele Fragen, die wir immer wieder erhalten, beziehen sich auf genau dieses Manko. Um ein Beispiel zu geben: vielfach sind sich die Studierenden durch die einschlägige Literatur zu qualitativen Methoden durchaus bewusst, wie sie Fragen im Rahmen eines halbstrukturierten Interviews zu stellen haben. Allerdings fällt es ihnen schwer, sich einen Feldzugang zu erschließen, sprich Kontakte zu Interviewpartnern aufzubauen. Wie dies gelingen kann, wird oftmals nur randständig und abstrakt erörtert. Genau an diesem Punkt wollen wir mit der vorliegenden Monografie ansetzen und auch solche alltäglichen Probleme qualitativer Sozialforschung adressieren (speziell zu dieser Thematik s. 3.2.2).
- Zweitens sind existierende Lehrbücher so abgefasst, dass sie zwar das tun, was Lehrbücher dem Namen nach auszeichnet: sie **belehren, liefern aber wenige Anregungen für eigenständiges Handeln**. Was meinen wir damit? Es wird immer wieder auch von Studierendenseite bemängelt, dass zwar alles verstanden wird, was in den jeweiligen Lehrbüchern niedergeschrieben wurde, es aber wünschenswert wäre, wenn zur Reflexion und Übung auch konkrete Aufgaben mit Blick auf die eigene wissenschaftliche Arbeit geliefert würden. Um dieser Problematik zu begegnen, haben wir immer wieder Übungsaufgaben in den vorliegenden Leitfaden eingebunden, die auch direkt im Buch eigenständig schriftlich beantwortet werden können. Hierdurch soll das Buch einen lebendigen Charakter erhalten und Sie individuell bei der empirischen Arbeit begleiten sowie zum Nachdenken und praktischen Tun anregen (s. exemplarisch die Übungsaufgaben mit ihren Leerstellen in den folgenden Kapiteln).

Des Weiteren ließe sich die Art und Weise, wie diese Lehrbücher abgefasst sind, bemängeln. Denn den Autorinnen und Autoren gelingt es häufig nicht, sich einfach und verständlich auszudrücken. Häufig klingen die Lehrbücher wissenschaftlich, abstrakt, kompliziert und durch die Verwendung von Fremdwörtern wird das Verständnis zusätzlich erschwert. Viele Autorinnen und Autoren rechtfertigen dies mit dem Verweis darauf, dass dadurch abstraktes Denken gefördert werden soll. Wir teilen diese Auffassung zwar für theoretisch-konzeptionelle Anliegen, jedoch nicht für das Erlernen empirischer Methoden!

Vor diesem Hintergrund ist es unsere **Zielsetzung**, mit dieser Monografie einen anwendungsorientierten und mit Beispielen versehenen Leitfaden für qualitative empirische Studien und Fragestellungen in der Management- und Organisationsforschung zu liefern. Uns ist es in diesem Zusammenhang in Abgrenzung zu existierenden Standardwerken auch wichtig, nicht nur auf andere Studien zu verweisen, sondern anhand von jeweils einer eigenen Studie der Autorin (Geiger, Danner-Schröder, Kremser 2021) bzw. des Autorenteams (Danner-Schröder, Müller-Seitz 2020) durchgängig ein Beispiel zu erläutern. Dies geschieht einerseits aus der Motivation heraus, Ihnen die Entwicklung einer solchen empirischen Arbeit aufzuzeigen und den Abgleich von tatsächlichem Vorgehen mit der jeweils publizierten Fassung zu ermöglichen. Andererseits erfolgt dies auch aus pragmatischen Gründen, da wir die jeweiligen Studien selbst durchgeführt haben und so auch nicht veröffentlichtes Material mit in die Ausführungen einfließen lassen können. So wollen wir Ihnen Blicke „hinter die Kulissen" ermöglichen, die Ihnen sonst in der Regel verwehrt bleiben. Denn so erhalten Sie einen Einblick in den Erstellungsprozess und nicht – wie sonst oftmals üblich – nur das formell abgefasste Endergebnis.

Wir haben überdies im Gegensatz zu den thematisch sehr breit und detailliert angelegten Standardwerken bewusst nicht den Anspruch, alle möglichen Methoden und dahingehende Teilaspekte abzudecken. Vielmehr wollen wir diejenigen Methoden qualitativer Sozialforschung vorstellen, die am häufigsten von Studierenden in Abschlussarbeiten verwendet werden. Dies lässt sich einerseits damit begründen, dass wir auf Erfahrungen in unseren Kursen aufbauen. Hier zeigen sich gängige Schwerpunkte (z. B. das Führen von Interviews; s. hierzu 3.3) und Probleme (z. B. im Zuge der Datenanalyse; s. hierzu 4), für die wir anwendungsorientierte Beispiele und Reflexionsaufgaben liefern wollen. Andererseits liefern wir für etwaige Sonderfälle hinsichtlich der vorgestellten Themen weiterführende Literaturhinweise. Zuletzt sei auch noch ein pragmatisches Argument für die von uns erörterten Methoden angeführt: Methoden wie beispielsweise die Grounded Theory oder Ethnographie benötigen üblicherweise ein mehrjähriges Engagement im Feld. Angesichts der praktischen Limitationen, eine Bachelor- oder Masterarbeit innerhalb eines vergleichsweise recht knappen Zeitfensters abzufassen, scheinen solche Methoden für die meisten Studierenden eher ungebräuchlich bzw. nicht praktikabel zu sein, weswegen sie von uns in diesem Rahmen nicht näher thematisiert werden.

1.2 Wie der Leitfaden zu nutzen ist

Grundsätzlich ist der **Leitfaden** von uns so konzipiert worden, dass Sie ihn **auf drei unterschiedliche Arten nutzen** können:

- **Option 1:** Erstens ist der Leitfaden unserer Zielsetzung folgend auch als ein eben solcher nutzbar und kann daher von Ihnen der **Reihenfolge nach für die eigene Abschlussarbeit** genutzt bzw. abgearbeitet werden. Dies ist naturgemäß die von uns favorisierte Option, bei der Sie Schritt für Schritt durch Datensammlung und -analyse und die darin enthaltenen Übungs- und Reflexionsaufgaben geführt werden.
- **Option 2:** Möglicherweise wollen Sie lediglich einen kurzen Überblick über den Ablauf einer Studie erhalten, um so – unterstützt durch die Übungs- und Reflexionsaufgaben – Anregungen für Ihre eigene Studie zu erhalten. Dafür präsentieren wir Ihnen eine **durchgängige Offenlegung der Arbeitsschritte** mit Blick auf die **zwei Beispiele unserer eigenen Forschung** (Geiger, Danner-Schröder, Kremser 2021 sowie Danner-Schröder, Müller-Seitz 2020).
- **Option 3:** Alternativ ist es jedoch auch möglich, sich lediglich gezielt mit einzelnen Fragestellungen auseinanderzusetzen. Beispielsweise mag es bei ausreichendem Vorlauf vor allem interessant sein, sich mit den unterschiedlichen Möglichkeiten zu beschäftigen, sich einen Feldzugang zu erschließen (s. hierzu 3.2.2) und sich dann nur noch über mögliche Quellen zu informieren (s. hierzu 3.3–3.5). Um auch ein solch gezieltes Nachlesen für Sie zu ermöglichen, haben wir den **Leitfaden modular gestaltet**.

Wie Sie sich auch entscheiden mögen, wir raten vor allem dazu, dem Leitfaden auch Ihrerseits einen **lebendigen Charakter** zu verleihen, indem Sie die Übungs- und Reflexionsaufgaben nutzen.

2. Fallauswahl sowie Ein- und Abgrenzung

Ausgewählte Lernziele

Nach der Lektüre dieses Kapitels sind Sie in der Lage, ...

- ... Forschungsleitfragen zu formulieren,
- ... unterschiedliche Optionen der Fallauswahl („Sampling-Strategie") aufzuzeigen und zu reflektieren,
- ... die Auswahl von Forschungskontexten transparent zu begründen,
- ... Inhalte und Fragestellung abzugrenzen.

2.1 Überblick

Am Anfang einer qualitativ-empirischen Studie in den Sozialwissenschaften sind Sie mit der Herausforderung konfrontiert, ein theoretisch-konzeptionelles Problem zu adressieren. Aus diesem Problem leitet sich die Forschungsleitfrage oder Zielsetzung der Arbeit ab. Diese soll den Start für die Auseinandersetzung mit bestehenden empirischen Studien bilden (2.2). Im nächsten Schritt gilt es den Untersuchungskontext auszuwählen und die betreffende Wahl zu begründen (2.3). In einem letzten Schritt müssen Sie schließlich noch den nun gewählten Kontext hinsichtlich Ihrer Fragestellung definieren. Dies betrifft sowohl die Eingrenzung des Phänomens hinsichtlich dessen, was untersucht werden soll. Sie sollten jedoch auch reflektieren und dokumentieren, welche Aspekte des Phänomens Sie nicht berücksichtigen können oder wollen (2.4).

2.2 Forschungslücken identifizieren und Forschungsfragen ableiten

Damit Sie eine solide wissenschaftliche Basis für Ihre empirische Studie legen, müssen Sie zunächst eine Forschungslücke identifizieren (Müller-Seitz, Braun 2013: 106 ff.; unter Rekurs auf Minto 2005 mit Blick auf das Schärfen von Argumentationslinien). Diese ist in den meisten Fällen theoretisch-konzeptionell getrieben, d. h. Sie sichten die Literatur zu einem Thema und erkennen eine Forschungslücke, die es zu schließen gilt. Alternativ bekommen Sie ein Thema durch Ihre Betreuungsperson mitgeteilt. Jedoch gilt auch in diesem Fall, dass Sie die entsprechende Literatur sorgfältig sichten müssen.

Die resultierende Forschungslücke ist anschließend in eine Forschungsleitfrage oder Zielsetzung zu überführen. Hierfür sollten Sie vor allem folgende **Checkliste** berücksichtigen und mit Blick auf Ihre Forschungsleitfrage oder Zielsetzung reflektieren:

	Die Forschungsleitfrage bzw. Zielsetzung **leitet sich unmittelbar aus der Forschungslücke ab** und schließt somit direkt an die im theoretisch-konzeptionellen Hintergrund erörterte Debatte an.
	Die Forschungsleitfrage bzw. Zielsetzung ist **offen formuliert**, d. h. Sie fragen beispielsweise danach, „wie" ein bestimmtes Phänomen zustande kommt. Es kommen also keine geschlossenen Fragen zur Anwendung, etwa die Ausleuchtung der Frage, „ob" ein Phänomen auftritt oder nicht, was sich mit ja oder nein beantworten ließe (s. hierzu auch die Ausführungen zum Führen von Interviews in 3.3).

Die Forschungsleitfrage bzw. Zielsetzung **adressiert den Untersuchungskontext, abstrahiert aber gleichzeitig von diesem**. Dies ist die wohl schwierigste Herausforderung für Sie. Denn einerseits gilt es, die Forschungsleitfrage bzw. Zielsetzung unmissverständlich so abzuleiten, dass sie genau an den von Ihnen gewählten Forschungskontext angepasst ist. Anderseits sollte die Forschungsleitfrage bzw. Zielsetzung Ihrer Abschlussarbeit auch vom konkreten Untersuchungskontext abstrahierbar sein, damit die später in der Diskussion zu treffenden und auf Ihrer Studie basierenden Aussagen bestmöglich verallgemeinerbar sind.

Abschließend sei angemerkt, dass Sie sich die Forschungsfrage so früh wie möglich überlegen sollten, da diese Ihre gesamte Arbeit anleitet. Jedoch sollten Sie diese nicht als einmalig gegeben und nicht veränderlich ansehen, sondern vielmehr als Frage, die Ihnen hilft den richtigen Fokus zu setzen, die aber im Laufe der Arbeit konkretisiert, eingegrenzt oder revidiert werden kann.

Die Studie zur **Koordination von Routinen im Feuerwehreinsatz** von Geiger, Danner-Schröder und Kremser (2021) untersucht, wie Routinen in sehr zeitkritischen Situationen eingesetzt werden können. Dabei wurde über ein Jahr hinweg die Feuerwehr Hamburg untersucht und auf mehreren Trainings und tatsächlichen Einsätzen begleitet.

Die Forschungslücke für diese Studie haben wir aus der Literatur zur Routineforschung sowie aus der Forschung zu Zeit abgeleitet. Während in der Literatur traditionell diskutiert wurde, inwiefern zeitliche Strukturen die Koordination zwischen unterschiedlichen Aufgaben und Personen unterstützen, zum einen durch Referenzen zu Uhrzeiten (z.B. Kalendereinträge), zum anderen durch sequenzielle Absprachen (z.B. nach Beendigung einer Aufgabe startet die nächste). Ungeklärt war jedoch zum Zeitpunkt der Studie, wie Aufgaben und Personen koordiniert werden können, wenn eine fundamentale Unsicherheit darüber besteht, wann ein Event oder eine Handlung eintreten. Mit unserem grundsätzlichen Interesse daran, wie Routinen koordiniert werden können, ergab sich folgende Forschungsfrage:[1] Wie können Akteure mehrere, interdependente Routinen zeitlich koordinieren, wenn große zeitliche Unsicherheit besteht?

Die Frage ist somit aus der Forschungslücke abgeleitet, welche wiederum aus dem theoretisch-konzeptionellen Hintergrund erschlossen wurde. Des Weiteren ist die Frage offen formuliert, indem sie fragt,

[1] Im Original: "How actors temporally coordinate the performances of multiple, interdependent routines under temporal uncertainty?"; Geiger, Danner-Schröder und Kremser (2021: 221).

wie Routinen zeitlich koordiniert werden können. Sie abstrahiert zudem vom konkreten Untersuchungskontext (Feuerwehreinsätzen) und fragt nach generellen Mustern. Somit sind alle Punkte der Checkliste erfüllt.

Die **Studie zum Umgang mit der Flüchtlingssituation** von Danner-Schröder und Müller-Seitz (2020) untersucht, wie sich unterschiedliche Akteursgruppen in Deutschland, wie etwa hilfsbereite Privatpersonen (z. B. Hilfsgruppen auf Facebook) und etablierte Institutionen (z. B. Deutsches Rotes Kreuz) sich koordiniert und verhalten haben. Es zeigt sich dabei, dass es unterschiedliche Vorgehensweisen zu beobachten gibt. Die Forschungsleitfrage lautet daraus abgeleitet wie folgt:[2] Wie organisieren sich unterschiedliche Akteursgruppen auf verschiedenen Ebenen, um der Flüchtlingskrise zu begegnen?

Mit Blick auf die zuvor angeführte Checkliste sind die jeweiligen Kriterien erfüllt. Denn die Forschungsleitfrage ist theoretisch-konzeptionell auf Forschungslücken zum temporären Umgang mit Krisensituation und Unsicherheit ausgerichtet. So wird danach gefragt, wie unterschiedliche Akteure mit der Situation umgehen, da dies auf Basis der bisherigen Literaturlage unklar ist. Existierende Studien adressieren entweder primär die Art und Weise, wie verschiedene Akteure etablierte Institutionen (z. B. Regierungsinstitutionen auf Bundesebene) agieren oder wie spontane Hilfe durch Individuen organisiert wird. Es wird jedoch selten eine Mehrebenenanalyse vorgenommen und auch eine prozessuale Perspektive fehlt oftmals. Dies bildet die Motivation für die Studie von Danner-Schröder und Müller-Seitz (2020). Überdies ist die Forschungsleitfrage offen formuliert („wie") und abstrahiert von der konkreten Flüchtlingssituation in Deutschland, indem generell nach temporären und permanenten Koordinationsformen in solchen Situationen gefragt wird.

Anregungen aus der Literatur

Der Beitrag von **Danner-Schröder und Ostermann (2022)** skizziert sehr anschaulich die Motivation der Studie und Forschungslücken im Anfangsteil des Beitrags und argumentiert sodann, dass es notwendig ist, einen Perspektivenwechsel in der Betrachtung von Aufgabenkomplexität vorzunehmen: „shifting the analytical focus from measuring task complexity to task complexity as a social practice" (Danner-Schröder und Ostermann 2022: 438). Hierdurch wird die Relevanz der Forschung veranschaulicht und gleichsam der Nachholbedarf aufgezeigt.

---

[2] Im Original: „Towards this end, we seek to contribute to the literature on managing the tensions of temporary and permanent organising by exploring how these contradictory ways of organising responses unfold and interact across different levels of organising"; Danner-Schröder, Müller-Seitz (2020: 180).

Übungsaufgaben

Aufgabe 1: Adressieren Sie Ihre Forschungslücke.
1.1 *Skizzieren Sie den Stand der Forschung zu dem von Ihnen gewählten Thema in der Literatur.*
1.2 *Was ist bis dato noch unklar? Welche Themen und/oder Phänomene sind unerklärt?*

Aufgabe 2: Formulieren Sie Ihre Forschungsleitfrage oder eine Zielsetzung.

2.3 Fallauswahlstrategien

Im Gegensatz zur Stichprobenwahl bei quantitativen Methoden der Sozialforschung wird im Fall von qualitativen Methoden der Management- und Organisationsforschung bzw. Sozialforschung generell nicht nach statistischer Verallgemeinerbarkeit der Aussagen über Fälle hinweg gestrebt. Vielmehr gilt es bei der Wahl des Falles, der **Komplexität des betreffenden Untersuchungsobjekts** Rechnung zu tragen und eine **argumentative Verallgemeinerbarkeit** anzustreben. Mit anderen Worten ist es also häufig bewusst das Ziel, aus ungewöhnlichen Ereignissen oder Kontexten zu lernen und theoretische Implikationen zur Verfeinerung existierender Theorien zu erlangen oder praktische Handlungsempfehlungen für andere Kontexte abzuleiten.

Die **Fallauswahl** – häufig auch als **Sampling oder Sampling-Strategie bezeichnet** – ist somit anders zu begründen. Hierfür hat Patton (1990) eine anschauliche Übersicht vorgelegt, die als Heuristik bei der Sichtung und Begründung Ihrer eigenen Sampling-Strategie herangezogen werden kann. Mit Blick auf die begründete, zielgerichtete Fallauswahl führt Patton die in der nachstehenden Tabelle angeführten Strategien auf.

Typ	***Zweck***
Bewusste Fallauswahl	Auswahl informationsreicher Fälle für eine gründliche Untersuchung. Umfang der spezifischen Fälle hängt vom Zweck der Studie ab.
Auswahl extremer bzw. von der Norm abweichender Fälle	Lernen aus höchst ungewöhnlichen Erscheinungsformen des Phänomens, wie z. B. besonderer Erfolge/Misserfolge, Klassenbester/Schulabbrecher, fremdartige Ereignisse, Krisen.
Intensitäts-Auswahl	Informationsreiche Fälle, die das Phänomen intensiv, aber nicht extrem aufzeigen, wie z. B. gute/schlechte Studenten, über/unter dem Durchschnitt.
Auswahl der maximalen Abweichung – bewusste Wahl einer großen Schwankungsbreite an Dimensionen, die von Bedeutung sind	Dokumentiert besondere bzw. unterschiedliche Varianten, die durch die Anpassung an unterschiedliche Bedingungen entstanden sind. Identifiziert wichtige gemeinsame Muster, die sämtliche Veränderungen erklären.
Homogene Auswahl	Fokussierte Auswahl, reduziert Varianten, vereinfacht die Analyse, erleichtert das Befragen von Gruppen.
Auswahl typischer Fälle	Zeigt auf bzw. hebt hervor, was typisch, normal, durchschnittlich ist.
Mehrschichtige, bewusste Auswahl	Zeigt Eigenschaften bestimmter Untergruppen auf, vereinfacht Vergleiche.
Auswahl kritischer Fälle	Erlaubt eine logische Verallgemeinerung und eine maximale Anwendung von Informationen auf andere Fälle. Grund: wenn es in diesem einen Fall zutrifft, trifft es sehr wahrscheinlich auch in allen anderen Fällen zu.
Schneeball- bzw. Kettenauswahl	Identifiziert interessante Fälle durch Erzählungen von Menschen, die Menschen kennen, welche wiederum weitere Menschen kennen, die wissen, welche Fälle interessant sind (gute Beispiele für die Studie bzw. gute Interviewthemen).

Typ	*Zweck*
Kriteriums-Auswahl	Wahl aller Fälle, die bestimmten Kriterien genügen, wie z. B. alle Kinder, die in einer Therapieeinrichtung missbraucht wurden.
Auswahl eines Theorie-basierten bzw. operativen Konstrukts	Finden von Erscheinungsformen eines theoretischen Konstrukts, um es sorgfältig auszuarbeiten und zu untersuchen.
Bestätigungs- und Widerlegungs-Fälle	Sorgfältiges Ausarbeiten und Vertiefen der anfänglichen Analyse, Suchen von Ausnahmen, Prüfen von Variationen.
Opportunistische Auswahl	Folgen von neuen Hinweisen während der Datenerhebung, sich das Unerwartete zu Nutze machen, Flexibilität.
Zufällige, bewusste Auswahl (dennoch kleine Stichprobengröße)	Trägt zur Glaubwürdigkeit einer Auswahl bei, wenn die potenzielle, bewusste Studie zu groß ist, um sie zu bearbeiten. (Nicht für Verallgemeinerungen oder Repräsentativität geeignet).
Auswahl politisch wichtiger Fälle	Zieht Aufmerksamkeit auf die Studie (bzw. vermeidet ungewollte Aufmerksamkeit durch absichtliches Eliminieren politisch sensibler Fälle aus der Studie).
Zweckmäßigkeits-Auswahl	Spart Zeit, Geld und Aufwand. Schlechteste Begründung, geringste Glaubwürdigkeit. Führt zu informationsarmen Fällen.
Kombinations-Auswahl bzw. gemischte bewusste Auswahl	Triangulation, Flexibilität, genügt mehreren Interessen und Anforderungen.

Tab. 1: Begründete Strategien der Fallauswahl (Sampling-Strategien). *Quelle:* übersetzt und leicht modifiziert von Patton (1990: 182f.).

Die Studie zur **Koordination von Routinen im Feuerwehreinsatz** von Geiger, Danner-Schröder und Kremser (2021) erfolgte **bewusst** und nach **theoretisch-konzeptionellen Überlegungen**. Wie unter 2.2 bereits angedeutet, wurde die Forschungsfrage aus der Literatur abgeleitet, was zur Auswahl der Fallstudie geführt hat. Um die Koordination von Routinen unter großer zeitlicher Unsicherheit untersuchen zu können, mussten wir eine Fallstudie aussuchen, die uns einen entsprechenden Kontext bietet, der von genau diesen Bedingungen geprägt ist.

Daher lässt sich für die Studie von Geiger, Danner-Schröder und Kremser (2021) festhalten, dass ein **extremer Fall** ausgesucht wurde. Da die Koordination von Routinen in der Regel in zeitlich stabilen

Kontexten untersucht wurde, ist gerade diese Eigenschaft in zeitlich unsicheren Umwelten zu hinterfragen. Insbesondere bei einem Feuerwehreinsatz, wenn zu Beginn unklar ist, welcher Art der Einsatz eigentlich ist und sich z. B. bei einem Brand noch Menschen im Gebäude befinden, können Routinen nicht nach der Uhr koordiniert werden (z. B. wir fangen um 3 Uhr an das Feuer zu löschen) oder sequenziell, eine Routine nach der anderen (z. B. die Rettung von Menschen startet erst, wenn das Feuer gelöscht wurde). Daher war gerade in diesem Kontext die Frage nach der zeitlichen Koordination unter großer zeitlicher Unsicherheit besonders interessant.

Bei der Studie von Danner-Schröder und Müller-Seitz (2020) **zum Umgang mit der Flüchtlingssituation** wurden im Rückblick vor allem die Jahre 2014–2019 vor dem Hintergrund der Flüchtlingsbewegungen nach beziehungsweise in Deutschland näher beleuchtet. Dabei kam es zu einer Beschäftigung mit unterschiedlichen Kommunen, Bundesländern und Akteuren.

Die **Fallauswahl (Sampling)** war dabei insofern **theoriegetrieben** (Patton 1990), als nicht irgendein beliebiger Untersuchungskontext vergleichsweise spontan gewählt wurde. Vielmehr erfolgte in diesem Fall die Wahl **auf Basis theoretisch-konzeptioneller Vorüberlegungen**. Von Interesse war in erster Linie das Spannungsfeld zwischen temporärem sowie permanentem Organisieren. Dieses Interesse ging letztlich mit den unterschiedlichen Untersuchungsebenen einher: Während die staatlichen Institutionen dem Bereich des permanenten Organisierens zugehören, sind die emergenten Hilfsgruppen dem temporären Organisieren zuzuordnen. Insofern waren sowohl temporäre als auch permanente Akteure beziehungsweise temporäres sowie permanentes Organisieren vorzufinden und die theoretisch-konzeptionellen Merkmale gegeben.

Des Weiteren musste das Untersuchungsobjekt über einen gewissen Zeitraum untersucht werden können, da eine Prozessperspektive eingenommen werden sollte, um zu eruieren, *wie* die untersuchten Akteure im Zeitablauf mit der Flüchtlingssituation umgehen (s. hierzu auch Näheres mit Blick auf die Datensammlung in Kapitel 3).

Überdies wurden die unterschiedlichen Facetten des gewählten Falls **„absichtsvoll"** gewählt und nicht beliebig herausgegriffen. Wie die voranstehenden Erläuterungen aufgezeigt haben, war es in diesem Fall durchaus erwünscht, sowohl ein gewisses Spektrum unterschiedlicher Akteure als auch Entwicklungen im Zeitablauf nachzuzeichnen und zu erkunden. Wir wollen uns nun näher mit den Begründungen für diese Fallauswahl auseinandersetzen.

Hierfür stellt sich zunächst einmal eine kritische Frage, die Sie sich vielleicht auch schon gestellt haben: Warum wurde mit Deutschland nur ein bestimmtes Gebiet, in dem sich die Flüchtlingssituation ereignete, gewählt. Dies lässt sich – im Sinne eines opportunistischen Samplings (wenngleich wir behaupten würden, dass es sich in erster Linie um eine theoretisch-konzeptionelle Fallauswahl handelt) – damit begründen, dass das Autorenteam aus Deutschland stammt. Dies brachte nämlich eine Reihe praktischer Nebeneffekte – daher auch der Begriff des „opportunistischen" (zweckmäßigen) Vorgehens beim Sampling (Patton 1990) – mit sich: So konnten die Einträge bei Facebook oder die rechtlichen Rahmenbedingungen in der Muttersprache studiert werden. Außerdem waren die Reisekosten für Interviews gering und die Interviewpartnerinnen und -partner konnten unsere Identität leicht überprüfen (falls Zweifel an unseren Personen bestanden hätten – ein nicht zu unterschätzender Faktor).

Ähnlich ließe sich ferner als des Teufels Advokat fragen: warum wurde bewusst Wert darauf gelegt, temporäres und permanentes Organisieren **im Zeitablauf** zu erfassen? Hätte es nicht durch eine Fokussierung auf eine Form des Organisierens ausgereicht, diese isoliert zu betrachten, um etwaigen Verzerrungen durch politische, administrative oder anderweitige, gesellschaftliche Entwicklungen vorzubeugen?

Um diese Fragen zu beantworten, ist es wichtig, die theoretisch-konzeptionelle Orientierung der Fallauswahl anzuführen und auch kurz auf die Theorie selbst einzugehen. Das ist notwendig, weil das übergreifende Anliegen – dies sei hier erneut in Erinnerung gerufen – darin bestand, zu eruieren „we seek to contribute to the literature on managing the tensions of temporary and permanent organising by exploring how these contradictory ways of organising responses unfold and interact across different levels of organising" (Danner-Schröder, Müller-Seitz 2020: 180).

Anregungen aus der Literatur

In ihrer informativen Studie über den **Alltag nach einer Disruption, die die bisherige Infrastruktur komplett oder in Teilen zerstört hat,** dokumentieren **Feldman et al. (2022)**, wie sie ihren Fall ausgesucht haben. „We set out to examine how people's ways of working change in response to a significant disruption. Our informants' work was providing mental health care before, during and after Hurricane Katrina […] The extensive destruction of physical and social infrastructure greatly affected organizational continuity and the ability to provide mental health care." (Feldman et al. 2022: 86). In Anlehnung an Patton (1990) ließe sich ihr Vorgehen als kriterienbasierte Auswahlstrategie bezeichnen. Des Weiteren lässt sich hier argumentieren, dass es sich um einen extremen Kontext handelt. Wichtig ist es also insgesamt vor allem, Inklusions- und/oder Exklusionskriterien zu liefern, die Ihre Fallauswahl begründen.

Übungsaufgaben

Aufgabe 1: Nennen und begründen Sie, welche Sampling-Strategien von Patton (1990) Sie für die folgenden Ereignisse wählen würden:
1.1 Vergleichende Fallstudie eines Kleinunternehmers mit einem global operierenden DAX-Konzern in der Automobilindustrie Auswahlstrategie: Begründung:
1.2 Johnny Depp vs. Amber Heard Diffamierungsverfahren Auswahlstrategie: Begründung:
1.3 Fußballbundesligaspiel mit und ohne Ausschreitungen Auswahlstrategie: Begründung:
1.4 Projektpartner, der sich mit Industrie 4.0 beschäftigt Auswahlstrategie: Begründung:

1.5 Krieg zwischen Russland und der Ukraine Auswahlstrategie: Begründung:

Beachten Sie dabei, dass durchaus unterschiedliche Interpretationen möglich sind, mithin also verschiedene Sampling-Strategien angeführt werden können. Es ist also besonders wichtig, dass Sie Ihre Entscheidung nachvollziehbar begründen.

Aufgabe 2: Welche Begründung der Fallauswahl (Sampling-Strategie) ist mit Blick auf Ihre anvisierte oder eine fiktive Abschlussarbeit unter Rückgriff auf die von Patton (1990) vorgestellten, absichtsvollen Fallauswahlmöglichkeiten heranzuziehen?

2.4 Empirische Rahmenbedingungen

Eine weitere zentrale Herausforderung besteht in der Definition dessen, **was zu Ihrem konkreten Untersuchungskontext gehört und was nicht**. In dem für Abschlussarbeiten gebräuchlichen Fallstudienansatz ist dies eine gängige Frage, die es zu beantworten gilt (Gibbert et al. 2008; Yin 2017). Pro forma sei angemerkt, dass es natürlich weitaus mehr Ansätze als „nur" den Fallstudienansatz gibt. Allerdings ist dies unserer Erfahrung nach der gängigste und pragmatischste Ansatz eingedenk der Zeit-, Budget- und sonstiger Limitationen einer Bachelor- oder Masterarbeit beziehungsweise der meisten anderen Studienleistungen.

Auf den ersten Blick scheint es leicht, diese Frage zu beantworten. Ihr Fall könnte sich beispielsweise mit dem Themenfeld Industrie 4.0 in der Automobilindustrie oder den Wirecard-Skandal befassen. Allerdings ist bei genauem Hinsehen festzuhalten, dass es bei konkreten Nachfragen doch nicht mehr so einfach ist, den jeweiligen Untersuchungskontext so idealtypisch „klar" und transparent zu definieren. So ließe sich beispielsweise mit Blick auf das Themenfeld Industrie 4.0 nachfassen, welche konkreten technologischen Anwendungen adressiert werden, welche Unternehmungen oder Teilbranchen im Mittelpunkt stehen oder im Fall des Wirecard-Skandals, welche Institutionen und anderweitigen Akteure (z. B. die deutschen Strafverfolgungsbehörden oder das Management von Wirecard) mit in die Analyse eingeschlossen werden – oder warum dies gerade nicht der Fall sein sollte. Kurzum: für das **Ein- oder Ausschließen von Akteuren oder Phänomenen** gibt es eine Reihe von Rechtfertigungsgründen, die es gegeneinander abzuwägen gilt. Entscheidend ist letztlich, dass Sie **nachvollziehbare Gründe für Ihre Wahl** haben und – dies ist wichtig – diese auch transparent darlegen. Ähnlich wie bei der Begründung des Kontextes selbst, können auch für die Begründung von Ein- und Ausgrenzungskriterien ähnlich gelagerte Studien zur Erhöhung der Legitimation der eigenen Wahl in Anschlag gebracht werden. Wenn vergangene Studien beispielsweise auch nur eine einzelne Abteilung im Rahmen der Erforschung von Korruptionsskandalen untersucht haben (exemplarisch: Gebhardt, Müller-Seitz 2011), dann ist dies für Ihre Forschung ebenfalls legitim.

Zu Beginn der Studie von **Geiger, Danner-Schröder und Kremser (2021)** war klar, dass sich das Autorenteam theoriegeleitet **die Koordination von Routinen unter zeitlicher Unsicherheit** anschauen möchte. Wie zuvor beschrieben, war dadurch auch klar, dass es sich um einen extremen Fall handeln muss, da zeitliche Unsicherheit eine Ausnahme darstellt. Die beiden Autoren Geiger und Danner-Schröder haben daher nach ersten Überlegungen Kontakt zur Feuerwehr Hamburg aufgenommen, da Routinen in Feuerwehreinsätzen eine große Rolle spielen und zeitliche Unsicherheit in solchen Kontexten per se gegeben ist. In Rücksprache mit der Feuerwehrakademie und der Feuerwehrleitung Hamburg konnten die beiden Autoren zunächst Trainingseinheiten beobachten, bevor sie auch reale Einsätze begleiten durften. Dazu wurden ihnen zwei Wachem im Raum Hamburg zugeteilt. Aufgrund der beiden Wachen, die als Untersuchungskontexte von der Feuerwehrleitung Hamburg vorgeschlagen wurde, waren die Akteure klar definiert. Es muss allerdings hinzugefügt werden, dass bei größeren Schadenslagen, andere Einheiten zur Unterstützung hinzugezogen wurden, welche dann in die jeweilige Beobachtung mitaufgenommen wurden, allerdings nur für die Zeit des gemeinsamen Einsatzes (es hat keine weitere Betrachtung von anderen Einheiten vor oder nach den

Einsätzen stattgefunden). Da wir in den Einsätzen immer mit einer bestimmten Feuerwache ausgerückt sind, waren auch die Einsätze (Phänomene), die wir beobachten konnten, klar definiert.

Hinsichtlich des Beitrags von **Danner-Schröder und Müller-Seitz (2020) zur Flüchtlingssituation in Deutschland** ist festzuhalten, dass es im ersten Zugriff vergleichsweise einfach zu definieren scheint, was den Untersuchungskontext ausmacht: geografisch ist dies Deutschland, der Zeitraum ist auf 2014–2019 beschränkt und als Akteure kommen sämtliche Anspruchsgruppen („Stakeholder") in Betracht, die im Zuge der Bewältigung der außerordentlichen Situation mit eingebunden waren.

Bei genauerer Hinsicht ist die Definition jedoch nicht so einfach. So lässt sich zwar die Fallauswahl mit Blick auf den deutschen Kontext nachvollziehen (u. a. weil es ein politisches bedeutsames Ereignis war, welches einem Wandel in der Wahrnehmung im Zeitablauf unterlag).

Zentral für die Auswahl war das Streben nach einer gewissen Bandbreite an unterschiedlichen Akteuren, die in das temporäre beziehungsweise permanente Organisieren mit eingebunden sind. Dies war im vorliegenden Kontext der Fall. Wir haben uns bezüglich der Helfergruppen auf die Großstädte München und Düsseldorf konzentriert und uns dort die entsprechenden Facebook-Gruppen angesehen. Als weiteren Untersuchungskontext wählten wir Ingelheim, da dort für unser Bundesland Rheinland-Pfalz die zentrale Organisation stattgefunden hat. Auch hier tritt daher das „opportunistische"/zweckmäßige Vorgehen zu Tage (Patton 1990). Dort hatten wir zudem die Möglichkeit nicht nur Online-Helfergruppen zu studieren, sondern hatten auch Zugang zum Deutschen Roten Kreuz und konnten somit auch Daten vor Ort in einer Flüchtlingsunterkunft sammeln. Dies war besonders hilfreich, um die einzelnen Organisationen nicht nur in Isolation zu betrachten, sondern gerade das Zusammenspiel zwischen temporären und permanenten Gruppen zu studieren.

Anregungen aus der Literatur

Sele und Grand (2016) folgen in ihrer Studie zur **Interaktion zwischen menschlichen und nicht menschlichen Routineakteuren** einem „inductive theory-building approach to study actants and their generative effects in routine interactions" (725). Die Autoren folgen dabei der Actor-Network-Theory (Latour 2005), der ausdrücklich betont, dass menschliche und nicht-menschliche Akteure gleichberechtigt sind, somit entsteht ein Netzwerk einer großen Anzahl an Akteuren. In dem Artikel beschreiben Sele und Grand, dass sie das AI LAB der Universität Zürich **absichtsvoll** als ihren Untersuchungskontext ausgesucht haben, da die Mitglieder in diesem Labor den Ansatz verfolgen, dass „behavior emerges from a subtle interplay between the brain, the body, and the environment (725). Dies entspricht somit dem theoretischen Verständnis der Autoren, womit der Fall und die theoretische Unterfütterung gut zusammenpassen.

Übungsaufgaben

Aufgabe 1: Begründen Sie Ihre Fallauswahl hinsichtlich der empirischen Rahmenbedingungen für die folgenden fiktiven Fälle bzw. Themenstellungen für fiktive Abschlussarbeiten.
1.1 *Einfluss des Klimawandels auf norddeutsche Städte an der Ostsee.*
1.2 *Nachhaltigkeitsstrategien in der Automobilindustrie.*
1.3 *Unternehmungsgründungen aus Universitäten heraus.*
1.4 *Karrierepfade in Unternehmensberatungen.*
1.5 *Identifikation kritischer Zulieferer in Automobilzulieferketten.*

Aufgabe 2: Welche „Grenze“ ziehen Sie mit Blick auf den Fall im Rahmen Ihrer Abschlussarbeit? Welche...
• ... Akteure: – Akteur 1: – Akteur 2: – Akteur 3: – Akteur 4: – Akteur 5:
• ... Aktivitäten: – Aktivität 1: – Aktivität 2: – Aktivität 3: – Aktivität 4: – Aktivität 5:

- … Zeitfenster:

  – Zeitfenster 1: Von bis
  – Zeitfenster 2: Von bis
  – Zeitfenster 3: Von bis
  – Zeitfenster 4: Von bis
  – Zeitfenster 5: Von bis

zählen zu Ihrem Fall und welche nicht? Begründen Sie Ihre Auswahl.

3. Datensammlung

Ausgewählte Lernziele

Nach der Lektüre dieses Kapitels sind Sie in der Lage, ...

- ... sich im Feld ethisch und politisch korrekt zu verhalten,
- ... einen (kreativen) Feldzugang herzustellen,
- ... einen Interviewleitfaden zu erstellen und diesen flexibel einzusetzen,
- ... teilnehmende Beobachtungen durchzuführen und sich dabei adäquat im Feld zu bewegen,
- ... Ihrer Studie entsprechend Dokumente und Artefakte zu sammeln und die Vor- und Nachteile der entsprechenden Dokumententypen kritisch zu reflektieren.

3.1 Überblick

Wie kann nun die Datensammlung konkret bewältigt werden? Hierfür gilt es zunächst im Vorfeld diverse Vorkehrungen zu treffen, um so bestmöglich Zugang zu relevanten Akteuren zu erhalten, was im anschließenden Kapitel näher erörtert wird (3.2). Darauf aufbauend präsentieren wir in den Folgekapiteln die drei geläufigsten Zugänge zur Datensammlung. Hierfür geben wir zunächst Hinweise zur Interviewführung (3.3), bevor wir auf das sehr lohnenswerte, gleichzeitig aber auch sehr zeitaufwändige teilnehmende Beobachten eingehen (3.4). Den Abschluss bildet die Sichtung von Dokumenten und Artefakten (3.5).

3.2 Vorbereitende Maßnahmen und Überlegungen

3.2.1 Ethische, rechtliche und politische Erwägungen

Im Rahmen einer empirischen Erhebung müssen Sie stets eine Reihe ethischer Erwägungen vornehmen. Dies mag zunächst im Gegensatz zu den Naturwissenschaften verwundern, da es sich beispielsweise um keinerlei Experimente handelt, bei denen Menschen klinischen Tests zur Erprobung eines potenziellen Medikaments unterzogen werden.

Bei genauerer Betrachtung ist dies jedoch in abgeänderter Form für qualitative Erhebungen in der Organisations- und Managementforschung ebenso relevant. Denn der **Umgang mit Daten** einer Person, Gruppe oder Organisation ist ebenfalls sensibel und mit den Probanden im Feld **vorab zu klären**.

Besonders offensichtlich wird dies im Zusammenhang mit dem **Führen von Interviews**. Hier gilt es, die Aussagen der Interviewpartnerinnen und -partner zu schützen (vgl. auch 3.3). Dies gilt für offensichtliche Fälle, wie etwa vertraulich geäußerte Aussagen über Missstände in einem Unternehmen (z. B. zur Korruption; s. exemplarisch Gebhardt, Müller-Seitz 2011) oder dem Fehlverhalten von Führungskräften, aber auch für vermeintlich weniger sensible Themen, wie die Auseinandersetzung mit Strategien zur Markterschließung in einem neuen Land.

Allerdings lassen sich diese Gedankengänge auch auf die Nutzung anderer Quellen als Interviews (s. hierzu auch 3.3-3.5) übertragen. So ist der Umgang mit Ton- oder Videoaufzeichnungen bzw. Fotografien im Rahmen einer teilnehmenden Beobachtung ebenso zu überdenken wie die Analyse und Offenlegung von Dokumenten und Artefakten. Im Fall der Nutzung von Film- und Fotomaterial gilt es nicht nur, zuvor die **Freigabe durch die betreffenden Organisationen oder Personen** zu erhalten. Vielmehr gelten beispielsweise in Deutschland auch **für Fotografien Einschränkungen aufgrund des Rechts am eigenen Bild**. So dürfen Personen nicht gezielt fotografiert und ohne ausdrückliche Genehmigung auf einem Bild erkennbar sein. Gleiches gilt auch für Kennzeichen von Personenkraftwagen und ähnliche Details. Dies kann also zu erheblichen Einschränkungen führen. Allerdings gibt es hierfür eine Reihe von Ausnahmen, etwa wenn im Rahmen einer teilnehmenden Beobachtung zufällig vorbeilaufende Personen auf einem öffentlichen Platz fotografiert und für die eigene Arbeit dokumentiert werden sollen. Des Weiteren ist es möglich, bei Demonstrationen oder Sportveranstaltungen Fotos aufzunehmen und zu publizieren, ohne die Zustimmung der abgebildeten Personen einholen zu müssen, da es in diesen Fällen aus Sicht des Gesetzgebers als zu erwarten gilt, dass teilnehmende Personen Foto- oder Videoaufnahmen machen.

Letztlich steht hinter vielen der vorangestellten Beispiele und Überlegungen die Notwendigkeit, die **Anonymität** der Quellen zu wahren. Dies kann mitunter sehr zeitintensiv und nervenaufreibend sein. Insbesondere bei sensiblen Themen kann es vorkommen, dass Sie Freigaben von unterschiedlichen Instanzen (z. B. der Kommunikations- sowie der Rechtsabteilung) innerhalb einer Organisation benötigen. Unsere Erfahrungen zeigen, dass dies nicht nur sensible Themen wie etwa Korruptionsskandale (Gebhardt, Müller-Seitz 2011) betrifft. Vielmehr können sich selbst Interviews für praxisorientierte Fachzeitschriften, gemeinsame Buchbeiträge oder selbst erste Kontaktaufnahmegespräche diesbezüglich schwierig gestalten. Dies gilt es vor allem bei der zeitlichen Planung der Datenerhebung zu berücksichtigen.

Des Weiteren können die Datensammlung und -analyse durch die Gefahr von Wettbewerbsbeeinträchtigungen aus Sicht der betreffenden Organisation erschwert werden. Heikle Themenfelder, wie etwa die Neuausrichtung der Unternehmensstrategie oder die angestrebte Einführung eines neuen Produkts, sind möglicherweise Themen, bei denen eine Unternehmung die **Beeinträchtigung der Wettbewerbsfähigkeit oder Wissensabflüsse an die Konkurrenz** befürchtet. Zusammenfassend gilt es also zu berücksichtigen, dass Sie in jedem Fall **Vertrauen aufbauen und mit den von Ihnen gewonnenen Daten vertrauensvoll umgehen müssen** (s. hierzu auch 3.2.2).

Schließlich führen Easterby-Smith und Kollegen (2008) noch eine Reihe **politischer Rahmenbedingungen** an, auf die zu achten ist. Diesbezüglich gilt es aus unserer Sicht vor allem folgende Rahmenbedingungen zu berücksichtigen:

- **Fördermittelgeber**: Fördermittelgeber unterscheiden sich in vielerlei Hinsicht, indem sie beispielsweise eher grundlagenorientierte (z. B. die Deutsche Forschungsgemeinschaft) oder eher angewandte Forschung (z. B. Bundesministerien, wie etwa das Bundesministerium für Bildung und Forschung) fördern. Außerdem gibt es eine Reihe ideologisch bzw. politisch geprägter Stiftungen, etwa parteinahe Stiftungen (z. B. die der CDU nahestehende Konrad-Adenauer-Stiftung oder die der SPD nahestehende Friedrich-Ebert-Stiftung) sowie auch wirtschafts- (z. B. die Stiftung der Deutschen Wirtschaft) oder verbandspolitische Stiftungen (z. B. die Hans-Böckler-Stiftung). Wenngleich es auf den ersten Blick naheliegt, zunächst die parteinahen Stiftungen als „politisch gefärbt" einzuschätzen, so sind die anderen angeführten Stiftungen ebenfalls keineswegs „ideologiefrei", sondern nehmen Förderungen auch nach bestimmten Kriterien vor, die es zu berücksichtigen gilt.

- **Betreuende Personen und Institutionen**: Vielfach begeben sich Studierende in ein Abhängigkeitsverhältnis gegenüber den jeweils betreuenden Personen, die – beispielsweise als Doktorandin oder Doktorand – ein nachhaltiges Eigeninteresse an der Erhebung und Auswertung der betreffenden empirischen Daten haben. Wenngleich verständlicherweise diese Abhängigkeit selten offen zur Sprache gebracht wird, sind Studierende naturgemäß im Hinblick auf die Notengebung von der betreuenden Person abhängig. Dies heißt nicht, dass wir unterstellen, dass hier stets das vorliegende Machtgefälle zu Ungunsten der Studierenden missbraucht wird. Dennoch ist die Gefahr des Missbrauchs dieser Abhängigkeit stets latent vorhanden. Das Anstreben einer gemeinsamen Publikation (z. B. Konferenzbeitrag oder Buchkapitel in einem Sammelband) wäre beispielsweise ein Kompromiss aus dem Dilemma zu beidseitigem Nutzen zu entkommen. Denn so wäre sowohl ein Anreiz für die betreuende Person gegeben, als auch für den Studenten oder die Studentin.
- **Praxispartner**: Praxispartner haben oftmals ein Eigeninteresse an den zu erhebenden Ergebnissen. Vielfach behalten sich die Praxispartner es daher vor, den Verlauf der Datenerhebung zu begleiten bzw. zu beeinflussen. Dies erfolgt z. B. durch die gezielte Auswahl bestimmter Personen für Interviews, womit unbewusst oder vielfach auch bewusst eine Einschränkung des möglichen Personenkreises für die Datenerhebung stattfindet.

  Des Weiteren wird teilweise auch der Versuch unternommen, die Studienergebnisse zu beeinflussen. Hinweise der Praxispartner bezüglich gewünschter Ergebnisinhalte sind daher keine Seltenheit und beeinträchtigen den unvoreingenommenen Blick auf die Studienergebnisse stark.

In der Studie von **Geiger, Danner-Schröder und Kremser (2021) zur Koordination von Routinen unter zeitlicher Unsicherheit** wurden ethische Aspekte dezidiert im Zusammenhang mit der Datenerhebung reflektiert. So stellte sich die Frage, inwieweit Situationen beobachtet werden, die für die betroffenen Personen dramatisch beziehungsweise unangenehm intim sein können (z. B. selbst betroffene und verletzte Personen oder Angehörige von betroffenen Personen). Da wir aber immer nur an der Koordination von Routinen interessiert waren und die persönlichen Situationen von Individuen nie in unsere Studie Einzug gefunden haben (oder zumindest nur in sehr allgemein formulierter Form), wurde unser Forschungsdesign auch von der Feuerwehrleitung Hamburg abgesegnet.

Des Weiteren wurde auch in diesem Fall allen Interviewpartnern und Personen, die beobachtet wurden, Anonymität zugesichert. Um die Beobachtungen und Alarminformationen möglichst lebhaft zu schildern, wurden zwar Namen und Adressen verwendet, allerdings wurden diese alle gegen fiktive Namen ausgetauscht. Im Artikel gibt es daher den Vermerk „all names and addresses mentioned in the alarm messages and vignettes have been changed to ensure anonymity of data" (Geiger et al. 2021: 240). Um jedoch dennoch auf z. B. hierarchische Unterschiede aufmerksam zu machen, wurden die Funktionen der Personen im Beitrag genannt, da es einen Unterschied machen kann, ob man eine Führungskraft oder ein normales Mitglied interviewt.

In der **Studie zum Umgang mit der Flüchtlingssituation (Danner-Schröder, Müller-Seitz 2020)** wurden unterschiedliche Interviewformen angewandt. Einerseits wurde auf 32 selbst durchgeführte halbstrukturierte Interviews zurückgegriffen, andererseits auf Interviews, die den Internet- und Print-Medien entnommen werden konnten. Das Vertrauen zum Feld musste in diesem Fall sensibel aufgebaut werden, da es zum damaligen Zeitpunkt vielfach Konflikte gab. Dies betraf nicht nur die Print-, sondern vor allem auch die sozialen Medien. Diese stellten jedoch einen wichtigen Datenfundus im Rahmen der Datensammlung dar, weshalb die Sichtung dieser Daten zum Einstieg sehr hilfreich war und so insbesondere mit Blick auf die sozialen Medien potentielle Interviewpartnerinnen und -partner identifiziert werden konnten.

Hinsichtlich der halbstrukturierten Interviews war es hilfreich zu erwähnen, dass es sich um eine universitäre Studie handelt. Dieses Vorgehen wurde vor dem Hintergrund ethischer und politischer Aspekte gewählt, um so die Unabhängigkeit des Autorenteams zu signalisieren und **Vertrauen zum Feld** potenzieller Probandinnen und Probanden aufzubauen.

Außerdem wurden die Interviews **anonymisiert** aufbereitet und auch nur in anonymisierter Form publiziert. Dies umfasste in diesem Fall nicht nur die konkreten Namen der Personen, sondern auch deren Positionen innerhalb der jeweiligen Organisationen. Es wurden lediglich vergleichsweise abstrakte Verweise, wie etwa der Verweis auf eine Person aus einer bestimmten emergenten Hilfsgruppe, vorgenommen.

Da dies auch konsequent von Beginn an kommuniziert wurde, war dies ein weiteres Indiz für die Seriosität des Anliegens der Forschergruppe.

Anregungen aus der Literatur

Die Studie von Cappellaro et al. (2021) hat die sizilianischen Mafia untersucht und fand somit in einem ethisch und politisch heiklen Umfeld statt. Die Studie untersucht, wie es die Mafia schafft strategische Unsicherheit aufrechtzuerhalten, um sich selbst vor der öffentlichen Überwachung zu beschützen. Die Autoren verwenden aufgrund des risikoreichen Umfelds hauptsächlich öffentliche Daten, wie z. B. Zeugenaussagen von Mafiaangehörigen vor Gericht, gerichtliche Unterlagen aus Mafiaprozessen, Dokumente einer Parlamentskommission zur Untersuchung der Mafiageschäfte und Gesetze zur Eindämmung von Mafiaaktivitäten. Die Sichtung öffentlich einsehbarer Unterlagen war in diesem Fall zentral, weil man als Wissenschaftler natürlich nicht einfach bei Mafiaangehörigen nachfragen kann, ob sie Interesse hätten an einer wissenschaftlichen Studie teilzunehmen. Einige Dokumente von privaten Organisationen und Stiftungen waren anfangs nicht öffentlich einsehbar, weshalb die Autoren angefragt haben, auch diese Daten einsehen zu dürfen. Das hat sich wohl irgendwann herumgesprochen, wie uns eine der Autorinnen auf einer Konferenz erzählt hat. Sie wurde daraufhin irgendwann von einem Mafiaangehörigen kontaktiert und gebeten gewisse Grenzen nicht zu überschreiten. Dies zeigt, dass die Rahmenbedingungen von Studien gut abgesteckt und geklärt sein müssen, gerade in Kontexten die ethisch und politisch als schwierig eingestuft werden müssen.

Übungsaufgaben

Aufgabe 1: Sie möchten eine Studie zur Mitarbeiterzufriedenheit innerhalb eines großen Konzerns durchführen. Welche ethischen Überlegungen müssen Sie im Vorfeld anstellen?

- ethische Überlegung 1:
- ethische Überlegung 2:
- ethische Überlegung 3:

Aufgabe 2: Reflektieren Sie über Ihre Abschlussarbeit oder ein fiktives Abschlussarbeitsprojekt. Welchen Abhängigkeiten sehen Sie sich beim Abfassen Ihrer Abschlussarbeit ausgesetzt? Entwickeln Sie auf Basis der identifizierten Abhängigkeiten mögliche Maßnahmen, um angemessen mit den Abhängigkeiten umgehen zu können bzw. sich diesen zu widersetzen.

- Abhängigkeit 1:
- Gegenmaßnahme 1:
- Abhängigkeit 2:
- Gegenmaßnahme 2:
- Abhängigkeit 3:
- Gegenmaßnahme 3:
- Abhängigkeit 4:
- Gegenmaßnahme 4:
- Abhängigkeit 5:
- Gegenmaßnahme 5:

3.2.2 Feldzugang herstellen

Wie bereits angedeutet, ist es von zentraler Bedeutung, sich rechtzeitig einen Feldzugang zu sichern oder gar mehrere Zugänge zu erschließen. Hierfür wollen wir in zwei Schritten vorgehen. Im ersten Schritt möchten wir Ihnen grundsätzlich günstige Kriterien vorstellen, nach denen Sie Ihre Kontaktpersonen für die Eröffnung des Feldzugangs aussuchen sollten. In einem zweiten Schritt liefern wir sodann unterschiedliche Ansätze, wie Sie vor allem an für Sie bis dato unbekannte Personen gelangen können und sich so einen Feldzugang ohne vorherige Kontakte erschließen können. Naturgemäß ist diese Liste an Praxistipps keineswegs vollständig, liefert Ihnen jedoch einige wertvolle Anregungen.

Generell sollte der betreffende **Zugang im Idealfall belastbar, gut vernetzt und einflussreich** sein:

- **Belastbarer Kontakt**: Mit Blick auf die Belastbarkeit stellen wir dabei sowohl auf die Beziehung zwischen Ihnen und Ihrem betreffenden Kontakt ab, als auch auf die Stabilität des Kontaktes selbst im jeweiligen Feld, sprich wie gut ist der jeweilige Kontakt in dem von Ihnen anvisierten Untersuchungskontext verankert?
- **Vernetzter Kontakt**: Die Vernetzung des Ansprechpartners ist für Sie insofern von Bedeutung, als Sie selten einen einzigen Kontakt mit Blick auf Datensammlung und -analyse derart „ausreizen" können, dass er für das Abfassen Ihrer Abschlussarbeit ausreichend Material bereitstellt bzw. er selbst als Untersuchungsobjekt nutzbar ist. Selbst eine personalpsychologische Auseinandersetzung, wie etwa hinsichtlich des Verhaltens einer bestimmten Führungskraft zur Ausleuchtung deren Charismas, würde ein Individuum zu stark in Anspruch nehmen. Es ist vielmehr wahrscheinlich, dass Sie unterschiedliche Personen und Kontexte im Rahmen Ihrer Arbeit heranziehen werden.

  Wahrscheinlicher ist es, dass Sie durch die betreffende Kontaktperson weitere Personen im Feld kontaktieren werden. Die gute Vernetzung der Person ist daher von zentraler Bedeutung, um sich weitere Personen und/oder Organisationen zu erschließen.
- **Einflussreicher Kontakt**: Eng mit der vorhergehenden Beobachtung verknüpft ist der Rat, dass die jeweilige Kontaktperson in ihrem Feld auch möglichst einflussreich sein sollte. Dies ist ebenfalls von Bedeutung, um sich Personen und/oder Organisationen näher zu erschließen. Denn eine sehr gut, aber nur oberflächlich vernetzte Person wird Ihnen zwar viele Kontakte nennen können. Ihre Bemühungen, sich mit den von der Kontaktperson genannten anderen Personen austauschen zu können, dürften jedoch nur begrenzten

Erfolg haben. Daher ist es ratsam, möglichst hochrangige und/oder beliebte Personen für Ihr Anliegen zu gewinnen.

Welche Möglichkeiten bestehen nun, sich einen Feldzugang zu erschließen, wenn **keine Kontakte im Vorfeld** bestehen? Die nachstehenden Beispiele dienen der Illustration und Inspiration für Ihre eigene Abschlussarbeit, sofern Sie sich das empirische Feld für Ihre Abschlussarbeit selbst erschließen müssen:

- **Telefonische Kontaktaufnahme**: Dieser zumeist recht beschwerliche Weg ist dem noch weitaus schwierigeren Versuch, per Briefpost oder Mail Kontakt aufzunehmen, vorzuziehen. Allerdings ist hier eine gängige Herausforderung, an den jeweiligen „Gatekeepern" oder Schlüsselpersonen vorbei zu gelangen. Sekretärinnen sind in diesem Zusammenhang das klassische Beispiel. Diese Berufsgruppe ist üblicherweise darin geschult, Anrufe unbekannter Personen abzuwimmeln und verfügt über langjährige Erfahrung darin, zu erspüren, wem ein Kontakt eingeräumt werden soll und wem nicht. Ein möglicher Trick ist es, den Vornamen und Nachnamen der Person zu nennen, die Sie erreichen wollen oder aber eine gemeinsame Aktivität im beruflichen oder privaten Bereich. Dies suggeriert eine gewisse Nähe zu Ihrer Zielperson, die möglicherweise dazu führt, dass Sie weitergeleitet werden.
- **Persönliches Treffen**: Sollten Sie die gewünschten Personen telefonisch (oder per Mail, Post) kontaktiert haben, bietet sich ein persönliches Treffen immer an. Hierbei lassen sich Details klären und man lernt das Gegenüber von Angesicht zu Angesicht kennen. Hierbei gilt es, ebenso wie später im Falle des Führens von Interviews (s. 3.3) sowie der teilnehmenden Beobachtung (s. 3.4), sich mit Blick auf den Untersuchungskontext **angemessen zu kleiden**. Ausgewaschene oder durchlöcherte Kleidungsstücke können bei der Erhebung der Dienstleistungsqualität in einem noblen Hotel oder bei einer Investmentbank ebenso fehl am Platze sein wie ein Anzug mit Krawatte bei dem Treffen mit Vertretern der VW-Golf-Szene zur Erhebung der Markenkultur bei Volkswagen-Fangemeinschaften (Wenzel 2016).

  Als **Faustregel** sollten Sie sich stets mindestens so gut kleiden, wie die von Ihnen zu kontaktierenden Personen. Es ist dabei wie in vielen privaten und beruflichen Kontexten weitaus unproblematischer zu formell gekleidet zu sein. Problematischer ist es üblicherweise vielmehr, wenn Ihr Gegenüber formeller gekleidet ist und obendrein noch Wert auf sein Erscheinungsbild legt.
- **Private Kontakte**: Sichten Sie Ihr Umfeld aktiv mit Blick auf deren berufliche sowie auch ehrenamtliche Tätigkeiten und bezüglich ihrer Hobbys und Leidenschaften. So könnte einer Ihrer Verwand-

ten vielleicht in einer für Sie relevanten Organisation arbeiten oder bis vor ein paar Jahren noch gearbeitet haben und verfügt weiterhin über gute Kontakte. Denken Sie dahingehend etwa an die sorgfältig gepflegten Alumni-Mitgliedschaften von Unternehmensberatungen wie etwa McKinsey oder im Falle U.S.-amerikanischer Eliteuniversitäten. Aber auch ehrenamtliche Tätigkeiten, wie etwa die Mitgliedschaft in einem Rotary- oder Inner-Wheel-Club, können zur Erschließung von Kontakten hilfreich sein. Überdies bilden Hobbys Ihrer Kontakte ein weiteres Feld, das möglicherweise den ersehnten Erstkontakt für Ihre empirische Studie liefern kann.

- **Soziale Netzwerke**: Soziale Netzwerke im Internet, wie etwa LinkedIn oder Xing, sollten Sie nutzen, um die Kontakte Ihrer Kontakte zu identifizieren, die wiederum für Ihr Anliegen hilfreich sein könnten. Die gängigen sozialen Netzwerke verfügen mittlerweile über eine Reihe komfortabler Funktionalitäten (z. B. Suchfunktionen oder schnellstmögliche Verweise, wie Sie über die Kontakte Ihrer Kontakte mit Zielpersonen einer Organisation verbunden sind), die Ihnen die Sichtung Ihres Netzwerks oder das Auffinden relevanter Personen erleichtern.

  In diesem Zusammenhang sollten Sie darauf achten, einzelne Kontakte nicht überzustrapazieren. Daher bietet es sich an, sich zunächst einen Überblick zu verschaffen, welche Zielpersonen und/oder -organisationen Sie sich durch Ihre Kontakte erschließen können. Verfügen Sie über mehrere, gleichwertige indirekte Kontakte zu einer Zielperson und/oder -organisation, sollten Sie die Anfragen möglichst gleich verteilen. Denn Sie sollten bedenken, dass für die von Ihnen beauftragten Personen die Kontaktaufnahme ebenfalls mit Opportunitätskosten (z. B. in Form einer erwarteten Gegenleistung), zumindest aber mit einem gewissen Zeitaufwand verbunden sein dürfte.

- **Engagement im Feld**: Das wohl langwierigste, aber auch vielversprechendste Vorgehen dürfte ein Engagement im betreffenden Feld selbst sein. Die wiederholte freiwillige und vor allem auch sichtbare Teilnahme an bestimmten Aktivitäten der jeweiligen Zielpersonen und/oder -organisationen kann dazu führen, dass relevante Akteure auf Sie aufmerksam werden. Beispielsweise wäre es denkbar, dass die Teilnahme an Veranstaltungen (z. B. Konferenzen oder Workshops) Ihnen hilft, Ihre Sichtbarkeit zu erhöhen und Ihre Chancen steigert, als Mitglied akzeptiert zu werden und so Ihre Zielpersonen und/oder -organisationen zu erreichen (s. hierzu exemplarisch das Vorgehen bei Müller-Seitz 2014 sowie Sydow, Müller-Seitz im Erscheinen).

  Allerdings lässt sich dies möglicherweise auch relativ praktisch und mit vergleichsweise wenig Aufwand über ein bereits vereinbartes

Praktikum arrangieren. Viele der von uns betreuten Abschlussarbeiten sind die Folge von absolvierten oder parallel verlaufenden Praktika.

Ein weiteres Beispiel ist die Sichtbarkeit in sozialen Medien. Herr Kaufmann, seinerzeit Doktorand, untersuchte die Koordinierungsmechanismen von FridaysForFuture. Bis zum Beginn seiner Studie hatte er wenig mit sozialen Medien zu tun, und dementsprechend auch keinen Instragram-Account. Nach einigen negativen Versuchen Kontakt aufzunehmen wurde ihm mitgeteilt, dass er quasi nicht existiert, solange er kein Profil in den sozialen Medien hat. Andere könnten sich so kein Bild von ihrem Gegenüber schaffen und somit fehle jegliche Vertrauensbasis. Daraufhin hat Herr Kaufmann sich einen Instagram-Account aufgebaut und mithilfe von Freunden sich eine beachtliche Followerschaft von zeitweise bis zu 10.000 aufgebaut. Daraufhin waren Kontaktaufnahmen deutlich einfacher und wurden weitestgehend positiv bestätigt.

Achten Sie schließlich darauf, dass Sie Ihr **Anliegen inhaltlich attraktiv** präsentieren. Hierfür gilt es folgende Anregungen zu berücksichtigen (s. Easterby-Smith et al. 2008: 129):

- Im Idealfall bietet Ihre Abschlussarbeit einen **Mehrwert** für die betreffende Zielgruppe bzw. Organisation. Dies kann beispielsweise darin begründet sein, dass Sie neue Kontexte für die Organisation erschließen oder geplante Aktivitäten legitimieren, indem Sie als Außenstehender die Aktivitäten auf Basis Ihrer Analyse ebenfalls befürworten.
- Die **Ressourcen**, die die Zielgruppe bzw. Organisation für Sie bereitstellen sollen, sind **möglichst gering**.
- Die **Inhalte** sind **nicht wirtschaftlich, ethisch oder politisch sensibel**.
- Die **Kontaktpersonen** haben eine **gute Reputation**.

Die voranstehenden Beispiele sollten verdeutlichen, dass Sie nicht verzweifeln mögen, wenn Sie nicht in der komfortablen Lage sind, auf etablierte Kontakte aus Ihrem existierenden Netzwerk zurückgreifen zu können. Bitte beachten Sie jedoch, dass Sie für diese „kalte" Kontaktaufnahme ausreichend Zeit im Vorfeld einplanen und nicht erst mit der Kontaktakquisition beginnen, wenn die Bearbeitungszeit für Ihre Abschlussarbeit offiziell beginnt. Dann verstreicht die Zeit erfahrungsgemäß schneller als Ihnen lieb ist und Sie sind gezwungen, entweder eine unfertige Abschlussarbeit abzugeben oder aber Ihren Betreuer und/oder den jeweiligen Prüfungsausschuss um eine Verlängerung zu bitten, was mitunter ein Wagnis ist und wiederum zeitaufwändig sein kann.

Der Datenzugang zur **Studie bei der Feuerwehr Hamburg (Geiger, Danner-Schröder und Kremser 2021)** erfolgte in mehreren Schritten.

Im ersten Anlauf haben die Autoren Kontakt zur Feuerwehrakademie aufgenommen. Die Annahme war, dass es leichter wäre Trainingseinsätze zu studieren, als tatsächliche Einsätze, aufgrund des vorhandenen Risikos in solchen Situationen. Die beiden Erstautoren haben in dieser Phase der Studie daher 10 Trainingstage beobachtet, an denen die Feuerwehrleute jeweils vier bis sechs Stunden lang zwei bis sechs simulierte Szenarien trainierten. Dies half dem Forschungsteam zum einen die Arbeitsabläufe und Routinen besser zu verstehen, da sie bis dato fremd waren. Zum anderen konnten sich die Forscher aber auch mit dem Team bekannt machen und **Vertrauen aufbauen**. Daher erhielt das Autorenteam im Laufe der Zeit die Erlaubnis, auch reale Feuerwehreinsätze zu beobachten. Dazu bekamen die Autoren Geiger und Danner-Schröder jeweils eine Feuerwache zugeordnet und durften dort nicht nur Feuerwehreinsätze beobachten, sondern absolvierten 12 komplette 24-Stunden Schichten auf den entsprechenden Feuerwachen. Zusammen konnten die Autoren somit 37 Einsätze beobachten und konnten zudem das Leben auf der Feuerwache kennenlernen (die meiste Zeit zwischen den Einsätzen wird Essen gekocht, welches später mit dem gesamten Team gegessen wird, Sport gemacht oder es wird sich einfach zusammen ausgeruht). Dies war wichtig, um **die Kultur einer Feuerwache kennenzulernen**

Ähnlich wie in der Fallstudie mit dem THW (Danner-Schröder und Geiger, 2016), welche in der ersten Auflage des Buchs analysiert wurde, lässt sich auch für die Feuerwehr Hamburg festhalten, dass es nur einen sehr geringen Frauenanteil gibt (es musste bei der Auswahl der Feuerwache für die Studie zunächst überlegt werden, welche Wachen über eine Frauenumkleide und Dusche verfügen). Daher galt es zunächst, diese **Barrieren zu überbrücken**. Die erste Überlegung war daher die der **Kleiderfrage**. Vielleicht noch stärker als für Männer ist es gelegentlich für Frauen von Bedeutung, beim ersten Aufeinandertreffen mit Vertreterinnen und Vertretern aus dem Feld die richtige Kleiderwahl zu treffen; insbesondere dann, wenn das Team zu über 90 % aus Männern besteht. In diesem Zusammenhang sollte vermieden werden, als „Tussi" aufzufallen, d.h. die Autorin hat sich dementsprechend sportlich gekleidet. Diese Beobachtungen mögen zunächst sehr klischeebehaftet wirken, da sich Männer pauschalisiert als oberflächlich wahrgenommen fühlen könnten und Frauen despektierlich. Unserer Wahrnehmung nach existieren diese Stereotypen jedoch vielfach, weshalb wir Sie mit diesen Eindrücken dafür lediglich sensibilisieren wollen ohne moralische Urteile zu fällen.

Im Fall der **Studie zum Umgang mit der Flüchtlingssituation (Danner-Schröder, Müller-Seitz 2020)** wurde einerseits Kontakt zu etablierten Institutionen aufgenommen. Dies geschah zum einen durch Kontaktaufnahme per Mail im Sinne einer „Kaltakquise". Zum anderen wurde im Sommersemester 2015 eine angewandte Masterveranstaltung durch den Lehrstuhl, an dem das Autorengespann tätig ist, zur Flüchtlingssituation durchgeführt. Dies brachte nicht nur wertvolle inhaltliche Erkenntnisse hinsichtlich der Institutionen und Prozesse (z. B. die Ausgestaltung der Verteilung der Flüchtlinge oder aktuelle Problemlagen der einzelnen Institutionen), sondern ermöglichte auch ein erstes Erschließen des empirischen Feldes. So wurden zur Veranstaltung u. a. Vertreterinnen und Vertreter von Polizei, Ordnungsamt, Arbeitsamt, Stadtverwaltung sowie von den Erstaufnahmeeinrichtungen aus der Region geladen. Dies brachte dann im Sinne des Schneeballprinzips (durch Nutzung der „Kontakte von Kontakten") zusätzliche Kontaktpersonen anderer Institutionen mit sich.

Andererseits wurden Freiwillige über die sozialen Medien kontaktiert. Hierfür wurden Facebook-Gruppen gesichtet, in denen sich Freiwillige zur Flüchtlingssituation austauschen und wie sie konkret Lösungen planen beziehungsweise anbieten. Auch hier wurden einzelne Kontakte über die Chatfunktion per Kaltakquise angefragt.

Anregungen aus der Literatur

Michel (2022) beschreibt in ihrer ethnografischen Studie bei zwei Investmentbanken anschaulich und ausführlich, wie sie im Zeitablauf Kontakte zum Feld aufgebaut hat. Ihr kam dabei zugute, dass sie, bevor sie ihre Doktorarbeit geschrieben hat, einige Jahre bei Goldman Sachs, New York gearbeitet hat. In dieser Zeit hat sie sich ein persönliches Netzwerk aufgebaut, auf das sie im Rahmen ihrer Studie zurückgreifen konnte. In ihrem neu erschienenen Artikel beschreibt sie, dass sie mittlerweile seit 16 Jahren Daten in diesen beiden Investmentbanken sammelt (sie hat auf Basis dieser Daten bereits früher Artikel veröffentlicht, siehe Michel 2007 und 2012). Aufgrund dieser außerordentlich langen Zeit im Feld lässt sich ganz klar festhalten, dass sie das besondere Vertrauen aus dem Feld gewonnen hat. In ihrem Artikel reflektiert sie daher aber auch kritisch, dass ihre Sozialisation als Banker und ihr Insider-Status nicht nur Vorteile mit sich bringen. Sie beschreibt, dass ihr auf gewisse Weise die kritische Auseinandersetzung mit typischem Bankerverhalten schwergefallen ist und verweist auf andere Studien, in denen die Wissenschaftler eine Outside-Rolle hatten. Sie berichtet aber auch, dass sie dadurch den Vorteil hatte, Veränderungen im Habitus der Banker wahrzunehmen, die sie nur durch ihren Insider-Status verstehen konnte.

Übungsaufgaben

Aufgabe 1: Ihre Abschlussarbeit thematisiert das Beschwerdemanagement innerhalb eines Klinikkonzerns.
1.1 Wie stellen Sie den Kontakt zum Klinikkonzern her? Entwickeln Sie mehrere Optionen, wie dies möglicherweise geschehen kann. • Option 1: • Option 2: • Option 3: • Option 4: • Option 5:
1.2 Skizzieren Sie ein fiktives Anschreiben, um mit der kaufmännischen Leitung eines Klinikkonzerns Kontakt aufzunehmen und diesen von Ihrem Anliegen zu überzeugen.

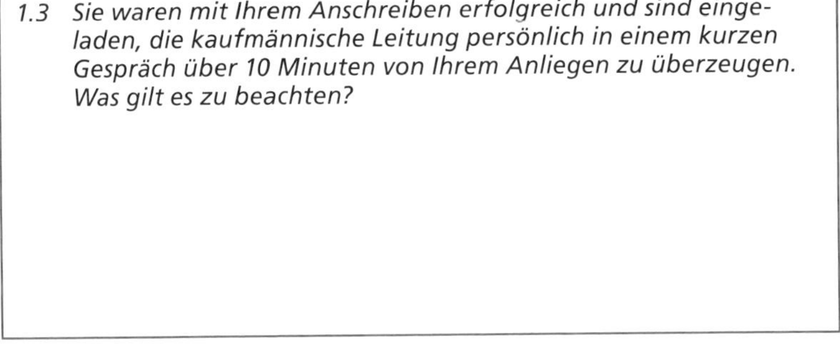

1.3 Sie waren mit Ihrem Anschreiben erfolgreich und sind eingeladen, die kaufmännische Leitung persönlich in einem kurzen Gespräch über 10 Minuten von Ihrem Anliegen zu überzeugen. Was gilt es zu beachten?

Aufgabe 2: Wie nehmen Sie mit Blick auf Ihre Abschlussarbeit bzw. eine fiktive Studie Ihrer Wahl Kontakt zum Feld auf? Wie bauen Sie eine vertrauensvolle Beziehung auf?

3.2.3 Gütekriterien

Um die Qualität der eigenen Erhebung zu erhöhen, gibt es eine Reihe von Kriterien, die es zu beachten gilt. Wenngleich es umstritten ist, inwiefern sich qualitative Sozialforschung an den Gepflogenheiten der quantitativen Sozialforschung orientieren soll, wird vielfach erwartet, dass zumindest das eigene Vorgehen gründlich reflektiert und transparent gemacht wird.

Wir wollen uns im Folgenden an den von Wrona (2006) und Yin (2017) eingeführten Kriterien orientieren. Diese Kriterien sind – innerhalb der Ansätze der qualitativen Sozialforschung – vergleichsweise positivistisch ausgelegt und daher mit einer gewissen Skepsis zu betrachten. Wir fühlen uns den Anregungen von Yin (2017) deshalb verhaftet, weil sich Autoren unterschiedlicher methodischer Ansätze innerhalb der qualitativen Management- und Organisationsforschung immer wieder direkt oder indirekt dieser Kriterien (s. nachstehende Tabelle) bedienen und sie aus unserer Sicht für didaktische Zwecke einprägsam vermittelt werden können.

Kriterium	*Kernaussage*	*Prüfung in quantitativer Sozialforschung*	*Verwendungsmöglichkeit in qualitativer Sozialforschung*
Interne Validität	Gültigkeit von Variablen (ihrer Messung) im Modell	• Operationalisierung und Indikatorbildung • Mehrdeutigkeit	• Alltagsnähe und empirische Verankerung (in-vivo) • Computereinsatz • Kommunikative Validierung • Triangulation • „Falsifizierungslogik“ (Suche nach Gegenevidenzen)
Externe Validität	Verallgemeinerung	Repräsentative Stichprobe	Kontextbezug wird aufgegeben durch • Theoretisches Sampling (max. Kontrastierung) • Prototypenbildung • Kommunikative Validierung
Reliabilität	Zuverlässigkeit, Grad der Genauigkeit einer Messung	z. B. Re-Test, Paralleltest etc.	Prozedurale Reliabilität durch Explikation (Offenlegung der Interpretationsleistung, Nachvollziehbarkeit)
Objektivität	Forscherunabhängigkeit	Einsatz standardisierter Methoden / Algorithmen	• Dokumentation des Forschungsprozesses • Offenlegung von Subjektivität • Standardisierte Methoden

Tab. 2: Maßnahmen zur Erhöhung der Qualität der empirischen Forschung.
Quelle: Wrona (2006: 208).

Bevor näher auf die Kriterien der Tabelle von Wrona (2006) eingegangen wird, wollen wir zunächst Maßnahmen zur Erhöhung der **Konstruktvalidität** – hier verstanden als die Fähigkeit auch das methodisch zu erfassen, was theoretisch anvisiert wurde – erörtern (Yin 2017):

- Nutzung unterschiedlicher Datenquellen zur *Triangulation*, also des Perspektivenabgleichs aus den unterschiedlichen Quellen heraus (z. B. Absicherung der Aussagen von Probandinnen und Probanden, indem Archivdaten oder Eindrücke aus teilnehmenden Beobachtungen hinzugezogen werden).
- Die *Ableitung einer Beweiskette* („chain of evidence") bietet sich ebenfalls an. Ausgehend von den zu Beginn formulierten Forschungsleitfragen bzw. -zielsetzungen sind Fallstudienprotokolle (z. B. je nach Forschungskontext pro Fall oder Besuch einer Organisation, Veranstaltung etc.) im Einklang mit diesen Fragen zu formulieren. Hierdurch wird also ein Zusammenhang zwischen den Forschungsleitfragen und den in den Fallstudienprotokollen adressierten Themen hergestellt. Anschließend sind aus der Fallstudiendatenbank, die sämtliche gesammelte Daten der Abschlussarbeit bzw. Studie umfasst, illustrative Belege zu sichten und wiederum mit den Fallstudienprotokollen – und somit indirekt natürlich auch mit den Forschungsleitfragen oder -zielsetzungen – abzugleichen. Damit wird gleichzeitig auch eine Verbindung zur Fallstudiendatenbank hergestellt, deren Erkenntnisse und Dokumentationen sodann laut Yin (2017) systematisch in den Fallstudienbericht eingehen. Der Fallstudienbericht ist in Analogie zu den Ausführungen von Yin letztlich mit Ihrer Seminar- oder Abschlussarbeit zu vergleichen.
- *Vertreterinnen und Vertreter aus dem Feld* können wertvolle Anregungen zu Ihrem Manuskript liefern. Dabei stellt sich stets die Frage, wann die Anregungen einzuholen sind. Für ein frühes Einholen von Rückmeldungen spricht, dass hierdurch bei Startschwierigkeiten Ihre Arbeit in die richtigen Bahnen umgelenkt werden kann. Dagegen spricht allerdings, dass Sie zu diesem Zeitpunkt über vergleichsweise wenige empirische Ergebnisse verfügen, weil es sich ja eben noch um ein frühes Stadium handelt. Umgekehrt gilt festzuhalten, dass eine späte Rückmeldung kaum mehr substanziell einzuarbeiten ist, sofern Ihnen die zeitlichen Rahmenbedingungen Grenzen setzen. Positiv bleibt jedoch anzumerken, dass Sie eine wesentlich fundiertere Rückmeldung als in einem frühen Stadium erhalten bzw. zu Rückfragen besser Stellung nehmen können. Wie aus den Überlegungen ersichtlich, gibt es hier kein eindeutig richtiges oder falsches Vorgehen. Wir würden jedoch mit Nachdruck anraten, Vertreterinnen und Vertreter aus dem Feld zu konsultieren.

Mit Blick auf die **interne Validität** – hier verstanden als die Gültigkeit der gewählten Elemente des theoretisch-konzeptionellen Bezugsrahmens – schlägt Wrona (2006) folgende Maßnahmen vor:

- Sie können einerseits einen *Abgleich von Mustern* („pattern matching") vornehmen. So kann beispielsweise die Sichtung von Interviews über Probandinnen und Probanden hinweg dazu führen, dass Gemeinsamkeiten in Wahrnehmungen oder Reaktionsmustern deutlich werden. Diese Gemeinsamkeiten können dann unter Umständen die Grundlage für spätere Kategorien bilden.
- Die Verwendung *von Erklärungsmustern* („explanation building") ist ein weiterer Weg, der die interne Validität erhöhen kann. Sie sollten also bereits rechtzeitig damit anfangen, plausible Gründe für ihre Beobachtungen anzuführen und diese im Laufe der Datensammlung und -analyse erhärten. Eng damit verbunden ist auch die Nutzung miteinander konkurrierender Erklärungsmuster („rival explanations"). In diesem Fall wird also bewusst versucht, die derzeit vorliegende und am plausibelsten wirkende Erklärung kritisch zu prüfen, indem sie mittels alternativer, konkurrierender Zugänge (daher der Begriff „rival explanations") hinterfragt wird. Je eher Sie also in der Lage sind, im Rahmen von Datensammlung und -analyse mögliche konkurrierende Annahmen auszuschließen, fundieren Sie somit um so mehr Ihre eigene Argumentationslinie.
- Das Prüfen Ihrer Interpretation der Daten fördert ebenfalls die interne Validität. *Melden Sie Ihre Erkenntnisse Probandinnen und Probanden aus dem Feld zurück* und fragen Sie die Personen („Member check"), ob Ihre Interpretation aus deren Sicht stimmig erscheint. So können sie umgehen, dass Sie als externer Beobachter Aspekte entgegen der üblichen Interpretation auslegen.
- Um die interne Validität zu steigern, sollten Sie insbesondere Ihre gesammelten *Daten offenlegen*. Sollten Sie nur nacherzählen, was Sie in Ihren Daten gefunden haben, kann Ihnen der Leser entweder glauben oder auch nicht. Sobald Sie aber Ihre Daten möglichst transparent aufzeigen und Ihre Aussagen mit Datenmaterial begründen, sind Ihre Auswertungen für Dritte besser nachvollziehbar. Sollten Sie im Text nicht genug Platz haben, um alles aufzuzeigen, bieten sich hierfür Tabellen an, um zusätzliches Datenmaterial systematisch und aggregiert aufzuzeigen. Es ist ebenfalls üblich, die gesammelten Daten in Form von Abbildungen, Transkripten oder Tabellen in den Anhang der wissenschaftlichen Arbeit auszulagern.

Um die **externe Validität** – hier verstanden als die Fähigkeit, die Aussagen zu generalisieren – zu gewährleisten oder verbessern, bieten sich folgende Maßnahmen an:

- Die *Nutzung theoretischer Konzepte* bei Einzelfallstudien führt dazu, im Zuge der Konzeption der Untersuchung die Qualität zu erhöhen. Wie bereits angesprochen, hilft ein theoretisch-konzeptionelles Sampling, die Glaubhaftigkeit ihrer Studie zu untermauern.
- Bei *vergleichenden Fallstudien* mit mehreren separaten Fällen bietet es sich demgegenüber an, die *Replizierbarkeit* der vorgefundenen Aussagen anzustreben. Sie sollten also versuchen, die von Ihnen vorgefundenen Erkenntnisse an weiteren Fällen erneut zu entdecken, um Ihre Aussagen zu untermauern.
- Da die Replizierbarkeit bei Einzelfallstudien mit qualitativen Methoden oft schwierig ist, können Sie auf *Prototypen*, z. B. in Form konstruierter Extremtypen wie sie beim Design Thinking auch üblich sind (Corsten et al. 2016: 138 ff.), zurückgreifen. Wenn Ihr Fall für Ihren Untersuchungskontext typisch ist, lassen sich auch darüberhinausgehend Zusammenhänge erläutern.

Um die **Reliabilität** – hier verstanden als die Zuverlässigkeit, mit der Daten erhoben und interpretiert werden können – der eigenen Arbeit zu untermauern, sind schließlich noch folgende Maßnahmen empfohlen:

- Um die Fehlervarianz zu minimieren, hilft es, wenn mehrere Forscher in den Prozess der Datenerhebung und Datenauswertung involviert sind (*Triangulation*). Besonders gerne werden Dritte hinzugezogen (aus dem eigenen Team oder externe Dritte, die mit dem Forschungsprojekt noch nicht vertraut sind), um eine Kodierung unabhängig von der ersten Auswertung nochmals durchzuführen. Sollte dabei ein ähnliches Ergebnis herauskommen, steigert dies die Reliabilität (so genannte Intercoder-Reliabilität; besonders anschaulich erörtert Jarzabkowski 2008: 626f. dieses Vorgehen).
- Eine weitere Möglichkeit ist es, die *prozessuale Reliabilität* zu erhöhen. Damit ist gemeint, dass Sie die Messgenauigkeit im gesamten Prozess aufrechterhalten, alles genau dokumentieren und protokollieren, von der Fallauswahl bis hin zur Interpretation. Wichtig ist es dabei auch, dass Sie die erhobenen Daten und Ihre eigenen Interpretationen trennen. So ist auch für Dritte nachvollziehbar, wie Sie vorgegangen sind.
- Das Aufzeichnen der Ergebnisse in einem *Fallstudienprotokoll* (ein Protokoll könnte z. B. eine besuchte Veranstaltung betreffen; vgl. Schüßler et al. 2014) stellt eine weitere Option dar (vgl. Anmerkungen zuvor zur Ableitung der Beweiskette).
- Der Aufbau einer *Fallstudiendatenbank* ist eine weitere Option. Sofern geklärt ist, was zu dem von Ihnen untersuchten Fall gehört

(vgl. 2.4), können Sie die Fälle systematisch dokumentieren und vor dem Hintergrund Ihrer Forschungsleitfrage oder -zielsetzung vergleichen.

Mit Blick auf die Gewährleistung von **Objektivität** handelt es sich um das vermutlich schwierigste Kriterium. Denn einerseits wird – wie wiederholt angeführt – auf die subjektiven Sichtweisen der Befragten abgestellt. Andererseits unterliegt jede Befragung, jede teilnehmende Beobachtung etc. der subjektiven Interpretation der Forschenden und wirkt unterschiedlich auf den Untersuchungskontext ein. Diesen Herausforderungen kann jedoch entgegengewirkt werden, indem dies im Rahmen des Methodikteils sowie später im Zuge der Reflexion der Limitationen der Arbeit (üblicherweise im Fazit, ggf. auch im Diskussionsteil) selbstkritisch dargelegt wird.

Für die Studie zur Untersuchung von **Routinen bei der Feuerwehr Hamburg (Geiger, Danner-Schröder und Kremser 2021)** wurden mehrere Kriterien in den Blick genommen. Die **Konstruktvalidität** wurde durch verschiedene Formen der Triangulation sichergestellt. Zum einen waren mehrere Personen an der Datenerhebung beteiligt und gerade dadurch, dass nur die ersten beiden Autoren die Daten erhoben haben, diente der dritte Autor als kritische Reflexionsfläche („Teufels Advokat"). Zum anderen wurden mehrere Datenquellen genutzt, z. B. Interviews, eigene Beobachtungen sowie weitere Artefakte. Darüber hinaus wurden auch mehrere Datenauswertungsmethoden berücksichtigt. Standardmäßig wurden die Daten kodiert, zusätzlich wurden aber auch weitere bestehende Analysemethoden genutzt und zudem eine eigene zusätzliche Analysemethode entwickelt.

Für die **Reliabilität** wurde der gesamte Prozess der Datenerhebung protokolliert. Dazu wurde eine große Tabelle angelegt, in der sämtliche Aktivitäten im Feld erfasst wurden. Zudem waren mehrere Forscher an der Dateninterpretation beteiligt. Um die Qualität weiter zu steigern, wurden die Ergebnisse auch jedes Jahr auf den großen Managementkonferenzen, wie der Academy of Management oder der European Group of Organization, vorgestellt. Im Anschluss an diese Präsentationen haben andere Forscher, die den Untersuchungskontext nicht kannten, Feedback gegeben oder bestimmte Aspekte kritisch hinterfragt.

Um die **interne Validität** sicherzustellen, wurden die Ergebnisse auch immer wieder dem Feld zurückgespiegelt. In mehreren Austauschrunden hat das Autorenteam die Ergebnisse verschiedenen Vertretern der Feuerwehr Hamburg vorgestellt und anschließend im Gespräch Unklarheiten beseitigt. Die **externe Validität** wurde, wie bereits mehrfach erwähnt, durch das theoretisch-konzeptionelle Sampling zu Beginn der Studie sichergestellt. Auch während der Auswertung hat das Autorenteam immer wieder Ergebnisse mit bereits vorhandener Literatur abgeglichen.

Kriterium (Yin 2017)	***Phase***			
	Design	***Fallstudienauswahl („Sampling")***	***Datensammlung***	***Datenanalyse***
Reliabilität	Fallstudienprotokoll hinsichtlich der einzelnen Orte	Theoretisch getriebene Fallauswahl	Systematische Nutzung der Fallstudienbasis je Fall/Ort	Feedback von Kolleginnen und Kollegen aus dem Bereich der Managementforschung Musterabgleich zwischen und innerhalb der einzelnen Fallstudienelemente (Orte)
Konstruktvalidität	Feinjustierung von Konstrukten, die aus der bisherigen Krisenforschung übernommen wurden und eine praxisorientierte Konzeption	/	Datentriangulation durch Rekurs auf Archiv-/Sekundärdaten sowie eigenständig erhobene und sekundäre Interviewdaten.	Ableitung einer Beweiskette ('chain of evidence')
Externe Validität	Theoriegetriebene Beschreibung der Fallauswahlkriterien	Transparente Schilderung der einzelnen Akteure in ihrem Umgang mit der Flüchtlingssituation je nach Analyseebene	/	/

Tab. 3: Maßnahmen zur Erhöhung der Reliabilität und Validität (unveröffentlichte Vorarbeiten).
Quelle: Manuskriptvorarbeiten von Danner-Schröder, Müller-Seitz (2020) unter Rekurs auf Müller-Seitz (2014: 280).

Im Rahmen der **Fallstudie zum Umgang mit der Flüchtlingssituation (Danner-Schröder, Müller-Seitz 2020)** wurden ebenfalls grundsätzlich die Kriterien nach Yin (2017) herangezogen, um eine möglichst hohe Güte der Aussagen zu gewährleisten (s. nachstehende Tabelle). Die nachstehende Tabelle wurde im Zuge der Konzeption des Methodenteils genutzt und gibt dahingehend einen Überblick. Um Redundanzen zur voranstehenden Tabelle von Wrona (2006: 208) zu vermeiden, werden nicht erneut sämtliche Inhalte zu Gütekriterien wiederholt.

Anregungen aus der Literatur

Um die Reliabilität zu gewährleisten, hat Jarzabkowski (2008) in ihrer empirischen Studie Ko-Analysten genutzt, um ihre Daten nochmals kodieren zu lassen. Zwei ihrer Doktoranden wurden dafür zunächst mit dem Feld bekannt gemacht und bekamen dann die Rohdaten von ihr. In einem nächsten Schritt sollten sie prüfen, ob sie das Kodier-Schema nachvollziehen konnten. Dazu haben sie unterstützende Fragen bekommen wie „ist dieser Code ähnlich zu diesem?“ und „sind diese Codes anders als diese?“. Codes, über die Uneinigkeit bestand, wurden ausdiskutiert und schließlich erreichten sie eine Übereinstimmung von 98 % unter den drei Beteiligten. Ein ähnliches Vorgehen können Sie auch bei Danner-Schröder (2016) nachlesen.

Übungsaufgaben

Aufgabe 1:	Welche Besonderheiten gilt es bei einer Untersuchung zur „Energiewende“ zu beachten? Erörtern Sie Ihre Begründung mit Blick darauf, wie Sie die Reliabilität und Validität Ihrer Studie möglichst hochwertig sicherstellen wollen.

Aufgabe 2: Füllen Sie die nachstehende Formatvorlage der Tabelle aus und skizzieren Sie dort, wie Sie mit Blick auf Ihre Abschlussarbeit planen, Reliabilität und Validität zu erhöhen.

Gütekriterien (in Anlehnung an Yin 2017)	***Phase Ihrer empirischen Erhebung***			
	Design	***Fallstudienauswahl („Sampling")***	***Datensammlung***	***Datenanalyse***
Reliabilität				
Konstruktvalidität				
Externe Validität				

Quelle: in Anlehnung an Müller-Seitz (2014: 280).

3.3 Interviews führen

Interviews zu führen, scheint zunächst intuitiv zugänglich zu sein.

Um Sie mit dem Führen von Interviews vertraut zu machen, möchten wir Ihnen daher zunächst die gängigsten Formen von Interviews vorstellen (3.3.1). Anschließend liefern wir Hinweise zur Erstellung eines Interviewleitfadens (3.3.2), bevor wir auf gängige Fehler verweisen, die es bei der Interviewführung zu vermeiden gilt (3.3.3).

3.3.1 Formen von Interviews

Interviews im Rahmen qualitativer Sozialforschung in der Management- und Organisationsforschung unterscheiden sich grundlegend von anderen Erhebungsformen, wie beispielsweise der eher klassischen Erhebung über eine Fragebogenaktion. Denn im Gegensatz zu Fragebögen sind Sie bei Interviews üblicherweise dezidiert an den subjektiven **Empfindungen und Wahrnehmungen der Personen** interessiert, die Sie interviewen.

Außerdem bietet Ihnen das Interview hohe Freiheitsgrade, da Ihre Erhebung – erneut: im Gegensatz zu Fragebogenaktionen – nicht etwa durch ein vermeintliches „Abschweifen" von Fragen im Rahmen Ihres Leitfadens beeinträchtigt wird. Im Gegenteil: möglicherweise stoßen Sie im Rahmen eines Interviews auf Themen, die Sie durch Ihr eigenes Vorverständnis gar nicht adressiert hätten. Insofern sind **Interviews** stets **flexibel** auszulegen und auch eher **offen** vom Zeithorizont. Es kam nicht selten vor, dass wir im Rahmen unserer eigenen Interviews mehrere Stunden über ein Thema mit den jeweiligen Personen sprachen, zu einem anschließenden Essen eingeladen wurden (bei dem die Themen oftmals informell tiefergehend erörtert wurden) oder aufgefordert wurden, den Austausch in einem erneuten Interview fortzusetzen. Einmal wurde die Erstautorin sogar von einer externen Person angerufen, die die Interviews transkribiert hat, und wurde gefragt ob ihr eigentlich bewusst sei, dass kein Interview wie das andere ist. Die Person hat es gut gemeint, da sie nur standardisierte Interviews gewohnt war und daher war ihr nicht klar, dass das „Abschweifen" in diesem Fall gewünscht war. All dies soll illustrieren, dass Interviews zumindest im positiven Fall wesentlich mehr Anregungen und „Tiefe" aufweisen als dies durch vorab konzipierte, geschlossene Fragen mittels einer quantitativen Befragung der Fall sein könnte.

Angesichts dieser Beobachtungen verwundert es auch nicht, dass das grundsätzliche Anliegen von Interviews weniger die Generalisierbarkeit als vielmehr ein tiefergehendes Verständnis sein sollte. Diese

Facette steht also ganz im Einklang mit dem Wesen qualitativer Sozialforschung in der Management- und Organisationsforschung.

Grundsätzlich lassen sich **zwei Interviewformen** unterscheiden:

- *Unstrukturierte Interviews*: Bei unstrukturierten Interviews stehen meist nur einige wenige Merkmale oder ein Ereignis, eine Person oder ein Objekt im Vordergrund. Ziel ist es, durch offen gehaltene Fragen ein möglichst tiefes oder breites Antwortspektrum zu erhalten und so auf ungewöhnliche Inhalte zu stoßen. Dabei ist der Austausch häufig einem losen Gespräch ähnlich, bei dem die interviewende Person lediglich Impulse setzt oder nachfasst, um weitere Details zu erfahren.
- *Halbstrukturierte Interviews*: Demgegenüber werden im wohl geläufigsten Fall der Interviewerhebung, der Durchführung mittels halbstrukturierter Interviewleitfäden, spezifische Themen vorab definiert. Im Gegensatz zu Fragebogenaktionen bleibt natürlich trotzdem noch ein breiter Reaktionsspielraum. Allerdings ist die Interviewerin bzw. der Interviewer bemüht, die anvisierten Themenfelder grundsätzlich im Rahmen des Austauschs abzudecken. Diese Themen werden im Interviewleitfaden adressiert, wobei aber jedoch weiterhin relativ hohe Freiheitsgrade bestehen. So kann beispielsweise aus dem Gesprächsverlauf heraus plötzlich ein bestimmtes Thema im Mittelpunkt stehen, wohingegen andere Themen lediglich marginal abgedeckt werden. Je nach Interessenslage bzw. Kenntnisstand gilt es dabei individuell abzuschätzen, wie viel Gewicht welchen Passagen zu gewähren ist.

  Wie angemerkt, dienen *Interviewleitfäden* der grundsätzlichen Strukturierung des Gesprächs. Allerdings soll an dieser Stelle nicht der Eindruck entstehen, dass dieser einmal konzipierte Leitfaden nicht mehr abgeändert werden kann. Je nach Konzeption der Studie kann es vorkommen, dass über die gesamte Erhebung hinweg kontinuierlich Inhalte hinzugefügt, fallen gelassen oder modifiziert werden. Dies ist dabei vielfach stark abhängig vom Erkenntnisstand der Person, die die Studie durchführt. Insofern weisen Interviewleitfäden oftmals einen **dynamischen Charakter** auf.

Den Fall *strukturierter Interviews* wollen wir hier außer Acht lassen, da er einerseits eher der quantitativ-deduktiven Forschung mit geschlossenen Fragen (z. B. mit lediglich zwei Antwortoptionen, wie etwa „ja" oder „nein") nahesteht. Andererseits ist es eine eher selten vorzufindende Variante.

Die vorgestellten **beiden Interviewformen** können nunmehr **unterschiedlich durchgeführt** werden. Hier sind folgende gebräuchliche Varianten festzuhalten:

- *Persönlich-mündliche Interviews*: Das persönliche Interview würden wir Ihnen grundsätzlich empfehlen, wenn es umsetzbar ist, da es zumeist die Möglichkeit bietet, einen authentischeren Eindruck von der zu interviewenden Person zu gewinnen. Die nonverbale Reaktion auf eine heikle Frage kann somit wesentlich besser bzw. überhaupt erst erfasst werden als durch ein fernmündliches Interview. Bei dieser Interviewform gilt es insbesondere die Anmerkungen zum Erschließen des Feldzugangs (3.2.2), etwa mit Blick auf die geeignete Wahl des Kleidungsstils und die Art und Weise, wie die Fragen sprachlich vorgetragen werden, zu beachten.

  Vielfach bietet diese Variante auch die Chance, die Person besser kennenzulernen und mit ihr eine Vertrauensbasis aufzubauen. Hierdurch haben Sie beispielsweise im Anschluss leichter die Chance, weitere Probanden vermittelt zu bekommen oder tiefergehende Informationen zu erhalten, wenn Sie einen positiven Eindruck bei dem Gegenüber hinterlassen konnten. Außerdem kann – wenngleich dies möglicherweise nur von untergeordnetem Interesse ist – die Möglichkeit bestehen, auf diesem Wege einen Rundgang bzw. eine Werksführung zu erhalten oder anderweitig en passant Einblicke aus erster Hand in den betreffenden Organisationsalltag zu erhalten. Hierzu zählt beispielsweise das Machtgefälle innerhalb einer Organisation, wenn informelle Konversationen um das Interview herum gelagert beobachtet werden oder auch Artefakte, die Aussagen über die Wertschätzung für bestimmte Sachverhalte vermitteln (z. B. können allgegenwärtig zur Schau gestellte Kunstwerke über das mögliche Mäzenatentum des betreffenden Probanden hilfreiche weitere Aufschlüsse liefern oder aber auch als Eisbrecher zu Gesprächsbeginn dienen).

  Allerdings ist eine Limitation, dass Sie nicht nur Ihr Gegenüber beäugen können, sondern selbst auch sichtbar sind. Dies kann insofern teilweise von leichtem Nachteil sein, als Sie so keine Zeit haben, Notizen zu machen (z. B. weil dies unhöflich wirken würde) oder anderweitig verdeckt agieren können.
- *Fernmündliche Interviews*: Telefonische Interviews werden ebenfalls häufig genutzt. Das Motiv dafür kann sein, Kosten für die Reise zur Interviewpartnerin oder zum Interviewpartner einzusparen oder möglicherweise auch mehrere Personen gleichzeitig zu interviewen, die geografisch verteilt sind. Zudem kann so häufig unkomplizierter ein Termin in einem vollen Terminkalender ermöglicht werden.
- *Informations- und kommunikationsgestützte Interviews*: In diesem Fall besteht wie schon im Fall fernmündlicher Gespräche die Möglichkeit, geografische Distanzen zu überwinden und so Reisekosten und -zeiten zu verringern sowie mehrere Probandinnen oder Probanden gleichzeitig zu befragen. Ein weiterer Vorteil ist, dass die

Probandinnen oder Probanden Termine kurzfristig wahrnehmen können, ohne viel Zeit zu verlieren und dadurch eher bereit sein, einem Interview zuzustimmen. Zudem bieten videobasierte Kommunikationskanäle, wie etwa Skype, Zoom oder Microsoft Teams, die Möglichkeit, zumindest teilweise optische Eindrücke von der Umgebung des Gegenübers zu erhalten, sofern nicht ein virtueller Hintergrund genutzt wird.

3.3.2 Entwicklung eines Interviewleitfadens

Die Entwicklung eines Interviewleitfadens ist natürlich inhaltlich an dem konkreten Anliegen Ihrer Arbeit auszurichten. Dennoch lassen sich **grundlegende Abschnitte** festhalten, die Sie berücksichtigen sollten. Diese wollen wir Ihnen im Folgenden kurz vorstellen:

- *Einordnung des Interviews*: Stellen Sie kurz Ihre Person und Ihr Anliegen vor. Dies braucht nur zwei Sätze zu umfassen, ist aber häufig notwendig, damit die Person sich erneut näher an Sie erinnert fühlt (möglicherweise hat lediglich die Sekretärin einen Termin für Sie anberaumt). Es bietet sich in diesem Zusammenhang ebenfalls an, kurz auf Ihre inhaltliche Motivation einzugehen. Mit dieser Information ist sichergestellt, dass Ihr Gegenüber weiß, welches Ziel die Studie hat und warum es interviewt wird.
- *Formalitäten:* Schließlich bietet es sich vor dem eigentlichen Gesprächsbeginn an, den Ablauf offen zu legen. Dazu gehört, dass Sie kurz aufzeigen, wie lange das Gespräch in etwa dauern wird (hier dürfen Sie ruhig ein wenig untertreiben, um Ihr Gegenüber nicht abzuschrecken). Daran anknüpfend erläutern Sie auch die Struktur des Interviews (z.B. Teil 1 befasst sich mit Thema X und Teil 2 befasst sich mit Thema Y). Anschließend sollten Sie um Erlaubnis fragen, ob Sie das Interview über ein Diktiergerät, eine Videoinstallation oder ein anderes Gerät aufzeichnen dürfen. Dies bietet nicht nur den Vorteil, dass Sie anschließend das Gespräch transkribieren können. Vielmehr erleichtert es auch die Gesprächsführung, da Sie auf diesem Wege nicht nebenbei noch Notizen zu den Gesprächsinhalten machen müssen. Sichern Sie dabei der Person auch – sofern gewünscht – Anonymität bei der Datenauswertung und mit Blick auf spätere Publikationen zu.
- *Eisbrecherfragen*: Stellen Sie Fragen zum Einstieg, die das Gegenüber leicht beantworten kann und wodurch es ermuntert wird, mit Ihnen in eine Konversation zu treten. Denkbare Fragen wären der berufliche Hintergrund oder die jetzige Position der Person. Sie müssen bedenken, dass nicht nur Sie eventuell nervös sind, sondern auch Ihr Gegenüber. Oftmals fühlen sich die Interviewten in eine

Prüfungssituation zurückversetzt und haben Angst die falschen Antworten zu geben oder Fragen nicht beantworten zu können. Wir haben schon häufig die Befürchtung gehört „ich glaube, da kann ich Ihnen gar nicht helfen, ich weiß ja selbst nichts." Daher versuchen Sie bewusst Fragen zu stellen, die sich auf das persönliche Arbeitsumfeld des Interviewten beziehen, zu denen es auch erst mal einen Moment etwas erzählen kann. In diesem Fall ist es auch egal, ob die Antwort für Ihre Studie zielführend ist; wichtig ist, dass Sie die Situation zunächst angenehm für den Interviewten gestalten.

- *Themenblöcke*: Im Folgenden gilt es, die von Ihnen konzipierten Themen näher zu beleuchten. Es bietet sich dabei an, stets Rückfallfragen zu entwickeln, falls die befragte Person nicht genau weiß, worauf Sie mit der Frage abzielen oder das Gespräch ins Stocken gerät, etwa weil der Gesprächspartner grundsätzlich kurze Antworten gibt oder eine Fangfrage erwartet wird.

  Des Weiteren ist es vielfach zielführend, nach konkreten Ereignissen zu fragen. Dies ist ratsam, da Sie auf diesem Wege nicht nur oberflächliche Antworten mit Hochglanzbroschürencharakter erhalten, sondern tiefergehende Einblicke in das Innenleben der Organisation. Zudem versucht die Person, sich konkret an eine Situation zu erinnern und Sie erfahren meist mehr Details. Daher bietet es sich immer an, sich Ereignisse nacherzählen zu lassen. Sollte Ihr Gegenüber etwas zu allgemein beschreiben, kann es oft helfen, wenn Sie nach einem konkreten Beispiel fragen (hier ruhig nach positiven und negativen Beispielen fragen).

- *Abschluss*: Bevor Sie sich bedanken, ist es oft angebracht, die Person zu fragen, ob es noch Themen gibt, die relevant erscheinen aber im Interview noch nicht abgedeckt waren. Da die interviewten Personen sich in dem entsprechenden Gebiet oft besser auskennen, besteht die Möglichkeit, dass Aspekte genannt werden, über die Sie im Vorfeld nicht nachgedacht haben, weil Ihnen deren Bedeutung nicht bewusst war. Hier macht es auch Sinn zu fragen, ob es noch weitere Personen gibt, die Sie eventuell zu diesem Thema interviewen können. Dies bietet Ihnen nicht nur die Möglichkeit, dass Sie weitere Kontakte erhalten, sondern möglicherweise stellt Ihnen die interviewte Person auch gleich einen Kontakt her, so dass der Zugang einfacher ist.

  Bedanken Sie sich abschließend für das Interview und die Zeit, die sich die Person genommen hat. Außerdem scheint es vielfach opportun zu fragen (nicht zuletzt, um mit den Personen in Kontakt zu bleiben), ob Sie die Personen erneut kontaktieren dürfen (bei Rückfragen) und/oder diese an den Ergebnissen interessiert ist, die Sie der Person in anonymisierter und aggregierter Form zukommen lassen würden.

Das **Transkribieren**, d. h. das schriftliche Fixieren aufgezeichneter Gesprächsinhalte, kann auf unterschiedliche Art und Weise erfolgen. Wie so häufig gibt es auch in diesem Fall keine verbindliche bzw. einheitliche Art und Weise dies vorzunehmen. So kann es in manchen Fällen vorkommen, dass in Interviewsituationen auch auf Gefühle eingegangen werden soll bzw. diese aus dem Transkript ersichtlich sein sollen. In diesen Fällen gilt es besonders sorgfältig auch auf nonverbale und paraverbale Signale zu achten. Als nonverbales Signal ließe sich etwa eine verächtliche Geste oder Mimik interpretieren. Ein paraverbales Signal wäre beispielsweise ein plötzlicher Unterschied in Tonlage oder Lautstärke, der auf Emotionen hindeutet.

Eine derart detaillierte Form der Transkription ist jedoch in der Management- und Organisationsforschung eher ungebräuchlich. Zumeist reicht es aus, die **Inhalte wortgetreu festzuhalten**. Bei längeren Gesprächspausen (z. B. über fünf Sekunden) und vor allem dadurch missverständlich fortgesetzten Sätzen bietet es sich an, diese zu markieren. Hierzu das folgende Beispiel zur Illustration:

- *Gesprochener Text*: „Als ich die Entscheidung über sagen wir es mal so die Verlegung des Standorts zu treffen hatte, war ich noch recht unerfahren".
- *Transkript*: „Als ich die Entscheidung über … sagen wir es mal so … die Verlegung des Standorts zu treffen hatte, war ich noch recht unerfahren".

Dadurch, dass im zweiten Beispiel („Transkript") die Pausen durch drei Punkte gekennzeichnet sind, wird noch ein weiterer Vorteil deutlich: der Satz ist in dieser Form wesentlich leichter zu erfassen und inhaltlich zu verstehen, weshalb wir zu dieser Form der Notation raten.

Außerdem sollten jeweils die Personen kurz genannt werden, die die betreffenden Fragen oder Antworten bzw. Bemerkungen abgegeben haben. So kann etwa zwischen „I" (Interviewende) und „B" (Befragte/Befragter) unterschieden werden. Alternativen sind natürlich denkbar, etwa die Nutzung der jeweiligen Initialen der Geschäftspartner.

Des Weiteren gibt es unterschiedliche Möglichkeiten, wie Sie Ihre Interviews transkribieren. Sie können dies zum einen selbst erledigen, was den Vorteil mit sich bringt, dass keine Kosten anfallen und Sie sich bereits intensiv mit Ihren Daten beschäftigen. Wir haben Kollegen, die ihre Interviews immer selbst transkribieren und diesen Schritt als ersten Analyseschritt ansehen. Zum anderen können Sie Ihre Interviews von anderen Personen transkribieren lassen. Dies ist meist eine große Zeitersparnis, da man selbst oft sehr lange braucht. Rechnen Sie als ungeübte Person damit, dass Sie für ein halbstündiges Interview etwa drei Stunden zum Transkribieren einplanen sollten (sprich der zeitliche Umfang beträgt ungefähr das Sechsfache!). Auf der anderen Seite fallen dafür natürlich Kosten an, die im Projektbudget enthalten sein sollten. Sollten Sie ihre Transkripte selbst anfertigen, gilt es dennoch möglichst zeitsparend vorzugehen. Aus diesem Grund empfehlen wir hierfür entsprechende Software (z. B. MAXQDA, vgl. Kapitel 4.3) oder Transkriptionsprogramme.

3.3.3 Hinweise, was es zu berücksichtigen und zu vermeiden gilt

Zunächst möchten wir Ihnen noch ein paar **pragmatische Hinweise** mit auf den Weg geben, die wir auf Basis unserer eigenen Erfahrungen mit Interviews gesammelt haben:

- Oftmals fragen **Personen, bevor Sie interviewt werden, ob Sie die Fragen vorab einsehen dürfen**. Dies gilt es aus unserer Sicht tendenziell zu verhindern. Dies lässt sich damit begründen, dass die zu befragenden Personen dann meist eher erwünschte Antworten vorbereiten und nicht mehr spontan reagieren. Sollte es sich nicht vermeiden lassen, dass Sie zuvor Ihre Fragen offen legen (z. B. weil sonst das Interview verweigert wird), dann empfehlen wir, lediglich grobe Leitfragen zu versenden.
- Wir sind bereits darauf eingegangen, dass Sie einen Interviewleitfaden erstellen sollten. An dieser Stelle sei angemerkt, dass dieser auch professionell ausgestaltet sein sollte. Sie senden hier Ihrem Gegenüber ein Signal – ähnlich wie im Fall der Kleiderauswahl oder der Sorgfalt, die Sie bei der Abgabe der Abschlussarbeit walten lassen – und zeigen, dass Sie sich vorbereitet haben. Dies ist besonders wichtig, wenn sie z. B. Führungspersönlichkeiten interviewen, da dies ein Zeichen von Respekt ist. **Formatieren Sie daher den Fragebogen einheitlich** und achten Sie auf den Gesamteindruck.
- Bleiben Sie **während des Interviews immer aufmerksam** und vermitteln Sie auch Ihrem Gegenüber, dass Sie an dessen Antworten interessiert sind. Dies kann z. B. durch non-verbale Kommunikation geschehen, in dem Sie gelegentlich nicken. Dadurch fühlt sich Ihr Gegenüber motiviert und wird eventuell mehr Details preisgeben.
- Oftmals wird der Fehler begangen, dass bei Studierenden durch das pure Aufzeichnen von Interviews der Eindruck entsteht, dass alle Informationen vollständig gesammelt wurden. Hier möchten wir darauf aufmerksam machen, dass dies gerade nicht der Fall ist. Sehr oft haben wir schon festgestellt, dass die **interessanten Informationen erst dann genannt werden, wenn das Diktiergerät ausgeschaltet wurde**. Grund hierfür war, dass die Personen dann ein sichereres Gefühl hatten, dass ihre Antworten auch wirklich losgelöst vom Protokoll bzw. der Interviewsituation geäußert werden.

Daher sollten Sie das Diktiergerät dann auch nicht wieder anschalten, sondern machen Sie sich **erst im Anschluss an das Gespräch Notizen**. Diese Anmerkungen sollten Sie auch zur Gesamtsituation machen. Vielleicht sind Ihnen schon interessante Dinge aufgefallen, als Sie gewartet haben oder als MitarbeiterInnen mit Ihrem Interviewten gesprochen haben. Notieren Sie sich so viele Eindrücke wie möglich. Oftmals wissen Sie zu Beginn einer Studie noch nicht, wozu die gesammelten Informationen zu einem späteren Zeitpunkt nützlich sein könnten.

- Wir haben bereits angesprochen, dass die Personen, die interviewt werden sollen, oftmals nervös sind. Möglicherweise sind aber auch Sie selbst als **interviewführende Person nervös**. Daher raten wir Ihnen in diesem Fall dazu, das Interview vorab mit einer bekannten Person zu üben. Auf diese Weise gewinnen Sie Sicherheit und können während des „echten" Interviews souveräner auftreten.

  An dieser Stelle sei auch angemerkt, dass das Urteil darüber, ob ein Interview gut oder schlecht war, oft sehr schwierig zu fällen ist. Wir kennen es aus eigener Erfahrung, dass **im Nachgang** zu einem Interview **Unklarheit** besteht, wie die **Qualität des Interviews einzustufen** ist. Seien Sie sich sicher, das ist nicht nur darauf zurückzuführen, dass Sie eventuell noch nicht über viel Erfahrung in der Interviewführung verfügen. Vielmehr liegt dies oft auch an den interviewten Personen.

Schließlich wollen wir noch auf **Fehler** verweisen, **die Sie vermeiden sollten**. Hierbei haben wir uns vorwiegend von Anregungen im Austausch mit Kolleginnen und Kollegen inspirieren lassen, aber auch unsere schlechten – aber dafür sehr lehrreichen! – Erfahrungen einfließen lassen, damit Sie nicht unnötigerweise die gleichen, **vermeidbaren Fehler** begehen:

- Bürden Sie dem Gegenüber *nicht zu viele Inhalte und Fragen* auf einmal auf. Stellen Sie gezielt einzelne Fragen und vermeiden Sie es, mehrere Fragen auf einmal zu formulieren.
- Lassen Sie sich auf das *Sprachspiel des Gegenübers* ein. Wenn Sie eine arrivierte Akademikerin interviewen, ist das Sprachspiel anders zu wählen, als bei der Auseinandersetzung mit einem Fließbandarbeiter.
- Lassen Sie das Gegenüber *ausreden*.
- Fangen Sie *keinen „Machtkampf"* mit dem Gegenüber an bzw. lassen Sie sich nicht auf einen solchen ein. Es handelt sich zumeist um ein Gespräch, bei dem Sie an den subjektiven Einschätzungen und Einstellungen interessiert sind.
- Stellen Sie *keine geschlossenen oder suggestiven Fragen* (bzw. tun Sie dies nur in Ausnamefällen).

- *Fassen Sie nach*, um unklare Sachverhalte zu klären.
- Wie bereits angedeutet, sollten Sie *nicht versuchen, „krampfhaft" sämtliche Inhalte des Leitfadens abzudecken*; insbesondere dann nicht, wenn gerade im Detail ein bis dato unerkanntes Phänomen erörtert wird.

Für die Studie von **Geiger, Danner-Schröder und Kremser (2021)** wurden 54 Interviews mit verschiedenen hierarchischen Ebenen innerhalb der Feuerwehr geführt, um ein möglichst tiefgehendes Verständnis zu erlangen. Darunter befanden sich sechs Trainer, 10 Teamführer, 28 Teammitglieder und 10 Auszubildende der Trainingseinheit, die wir beobachten durften. Da für diese Studie Beobachtungsdaten die Hauptdatenquelle darstellten, wurden die Interviews auch genutzt, um die **Beobachtungen mit den Interviews** und den gesammelten Erfahrungen der Feuerwehrleute **abzugleichen**. Aus diesem Grund haben wir eine zweite Form von Interviews durchgeführt, die sehr offen waren. Nach jedem Einsatz, den wir persönlich begleiten und beobachten durften, führten wir Reflektionen mit den Teamführern durch. Hier konnten die Führungskräfte den vergangenen Einsatz reflektieren, indem sie uns erklärten, warum sie bestimmte Entscheidungen getroffen haben oder wie sie bestimmte Situationen eingeschätzt haben. Zudem hatten wir die Möglichkeit, direkt Fragen zu unklaren Situationen zu stellen. Wir konnten gemäß unseren beobachteten Einsätzen 27 solcher Reflektionen durchführen.

Die Interviews wurden anhand eines halbstrukturierten Interviewleitfadens geführt, der in vier Themenblöcke unterteilt war. Zu Beginn wurde der **Ablauf den zu interviewenden Personen** nochmals wie folgt erläutert:

- Dauer: ca. 60 Minuten
- Inhaltlicher Start allgemein, dann folgen spezifischere Fragen (Block 1–4)
- In vier Blöcken aufgebaut: persönlicher Hintergrund, Training, Realeinsatz, Abschluss
- Keine Wertung, kein „Richtig" oder „Falsch" bei den Antworten
- Im Fokus stehen subjektive Eindrücke, Erfahrungen etc.
- Vertrauliche sowie anonymisierte Behandlung der Aufzeichnung / Informationen
- Aufzeichnung in Ordnung?"

Im ersten Block zum **persönlichen Hintergrund** wurden beispielhaft folgende Fragen gestellt:

- Kannst du uns kurz erzählen, seit wann du bei der Feuerwehr bist und deine Motivation dich für diesen Karriereweg zu entscheiden?

- Wie sah dein Werdegang vor der Feuerwehr aus (Ausbildung/Studium)?
- Welche Funktionen/Aufgaben hast du bisher inne gehabt?
- Seit wann begleitest du Führungspositionen innerhalb der Feuerwehr?

Im zweiten Block ging es um das **Training**:

- Was genau hast du in der praktischen Ausbildung gelernt (was man nicht im Hörsaal lernen kann)?
- Was versuchst du als Teilnehmer/-in umzusetzen?
- Wie triffst du deine ersten Entscheidungen, wenn du am Einsatzort ankommst? Welche Einflussfaktoren gibt es?
- Gibt es einen Standard den du versuchst einzuhalten? Wenn ja, wie sieht dieser aus? Und warum ist dieser so wichtig?
- Wann kannst oder musst du vom Standard abweichen?
- Ihr habt in den Trainings immer vom „Kopfgewitter" gesprochen. Kannst du uns das nochmal genauer beschreiben? Wie wird das bewältigt?
- Was genau läuft in den ersten Minuten des Einsatzes im Kopf des Zugführers ab?
- Was muss man bei seinen Entscheidungen auf jeden Fall beachten bzw. was kann man falsch machen?
- Wofür hat dich die praktische Ausbildung ausgebildet (Training/Einsatz)? Wie hilfreich ist die Ausbildung für deinen späteren Erfolg als Zugführer?
- Was war dein wichtigstes Learning?
- Was war eher unnötig?
- Was sind die Stärken und Schwächen der praktischen Ausbildung hier in der Feuerwehrakademie? Wo gibt es Verbesserungspotential und warum?
- Was zeichnet einen guten Feuerwehrmann aus? Was muss er können??

Im dritten Block zielten die Fragen auf **reale Einsätze** ab:

- Kannst du uns einen Einsatz schildern, der „nach Lehrbuch" verlaufen ist? Und warum war dies der Fall?
- Kannst du uns einen außergewöhnlichen Einsatz schildern? Warum war der Einsatz außergewöhnlich
- Mit welchen Unsicherheiten seid ihr konfrontiert?
- Inwiefern kommt es möglicherweise zu Regelbrüchen?
- Wie werden ungewöhnliche Entscheidungen getroffen?

- Gibt es Regeln/Standards die ganz strikt einzuhalten sind? Warum? Beipsiele?
- Gibt es Regeln/Standards die Freiräume lassen? Warum? Beispiele?
- Gibt es bestimmte Phasen in einem Einsatz (mehr oder weniger Unsicherheit/mehr oder weniger Regeln/mehr oder weniger Freiräume)? Wenn ja, warum?
- Gab es im Einsatz schon mal Situationen in denen du von deinem Vorgesetzten aufgefordert wurdest etwas zu tun, von dem du wusstest das es gegen eine Regel ist, um das Ziel aber dennoch zu erreichen? Beschreibung

Der letzte Block gilt dem **Interviewabschluss**:

- Gibt es nach unserem Gespräch noch etwas, von dem du denkst, dass es in diesem Kontext wichtig sein könnte?
- Oder hast du den Eindruck, dass wir etwas Wichtiges vergessen haben oder uns nicht bewusst ist?
- Kannst du uns eventuell noch weitere Interviewpartner empfehlen, die uns in diesem Kontext wichtige Informationen liefern können?

In der **Studie zum Umgang mit der Flüchtlingssituation (Danner-Schröder, Müller-Seitz 2020)** wurde ebenfalls ein halbstrukturierter Interviewleitfaden genutzt. Naturgemäß änderte sich dieser im Zeitablauf je nach Projektphase oder konkretem Akteur (z.B. öffentliche Institution versus emergente Facebook-Hilfsgruppe). Nachfolgender Auszug präsentiert einen Interviewleitfaden zu Beginn des Projekts. Er ist noch teilweise von der finalen Zielsetzung des publizierten Beitrags entfernt, was hier jedoch bewusst dargestellt werden soll, um den offenen Entwicklungsprozess qualitativer Forschungsprojekte zu untermauern:

„**Einstiegsfragen**

Kurze Selbstvorstellung

- Ziel: Verständnis über neue organisationale Formen im Ehrenamt, speziell selbstorganisierte Gruppe zur Flüchtlingshilfe via Facebook
- Dauer: ca. 45–60 Min
- Ich werde zunächst allgemeine Fragen zum Ehrenamt, dem DRK und Ihrer Rolle im DRK in Bezug auf ehrenamtliche Helfer, der Facebook-Gruppe und anschließend Fragen zur Zusammenarbeit mit der Facebook-Gruppe stellen.
- Keine Wertung, kein richtig oder falsch. Wir sind an Ihren persönlichen Erfahrungen interessiert.
- Das Interview wird anonym behandelt und ist vertraulich (die Audiodatei und Transkription verbleiben am Fachgebiet). Zur Auswertung ist eine Tonaufnahme nötig. Ist das in Ordnung?

Vorstellung des Interessenten

- Persönlich (Name, Alter, Wohnort)
- Lebenssituation (beruflich, privat)

Block 1: Ehrenamtliches Engagement

Ehrenamtliches Engagement allgemein

- Warum haben Sie sich dafür entschieden, sich ehrenamtlich zu engagieren?
- Haben Sie sich schon vorher ehrenamtlich engagiert?
  - Wenn ja, wie sind/waren Sie in diesen Organisationen integriert?
  - Sind Sie in anderen Communities oder Gruppen tätig/aktiv?
  - Inwieweit sind Sie in der Flüchtlingshilfe Ingelheim engagiert/integriert?

Barrieren/Zeitfenster

- In welchem Umfang wollen Sie sich engagieren?
- Gibt es Einschränkungen in Ihrem Engagement?

Block 2: Facebook-Gruppe „Flüchtlingshilfe Case City"

Nutzung sozialer Medien

- Sind Sie in anderen Online Communities oder Gruppen tätig/aktiv?
- Generelle Aktivität via sozialer Medien wie Facebook?

Facebook-Gruppe „Flüchtlingshilfe Case City"

- Wie sind Sie auf die Facebook-Gruppe aufmerksam geworden?
- Warum eine selbstorganisierte Gruppe und kein Engagement in einer Non-Profit-Organisation (Verein/ Initiative)?

Erwartungen

- Welche Erwartungen hatten Sie an eine freiwillige Tätigkeit der Facebook-Gruppe?
- Wobei sollte die Gruppe Flüchtlingshilfe Sie unterstützen?
- Was wären die Rahmenbedingungen für eine Zusammenarbeit mit Facebook-Gruppen und dem DRK?
- Woran erkennen Sie, dass Freiwilligenarbeit für Sie das Richtige ist?

Schilderung von Abläufen, Zusammenarbeit, bisherigen Erfahrungen, Prozess

- Was war Ihre Rolle in der Gruppe?
- Welche konkreten Aufgaben haben Sie übernommen?
- Für was nutzen Sie die Gruppe?
- Sind Ihre Erwartungen erfüllt worden?

Block 3: Besonderheiten der selbstorganisierten Gruppe via Facebook

- Meinung zu selbstorganisierten Gruppen (Vorteile/Nachteile/ Chancen/ Gefahren)
- Vorteile/Nachteile der Facebook-Gruppe als ehrenamtliche Organisationsform
- Was sind die Besonderheiten...
  - ...der Kommunikationsstruktur einer (innerhalb/außerhalb der) Facebook-Gruppe
  - ...der organisationalen Struktur einer Facebook-Gruppe
- Zuwachs der Facebook-Gruppe (mögliche Gründe? Vorteile und Nachteile)
- Was denken Sie, warum engagieren sich Leute eher in selbstorganisierten Gruppen (oder warum entsteht eher spontanes Engagement) und nicht über ehrenamtliche Organisationen wie DRK (THW)?
- Spielen neue Medien (Facebook, Twitter) eine Rolle für neue organisationale Trends im Ehrenamt?

Block 4: Zusammenarbeit und Kooperationen mit anderen Organisationen, insbesondere der Facebook-Gruppe

Zusammenarbeit (generell)

- Was ist für Sie bei einer Zusammenarbeit wichtig? Was möchten Sie einbringen?
- Wie würden Sie die Umsetzung organisieren (über Facebook-Gruppe)?

Erwartungen von einer Zusammenarbeit

- Welche Erwartungen haben Sie an eine freiwillige Tätigkeit in der Facebook-Gruppe?
- Wobei sollte die Gruppe „Flüchtlingshilfe Case City“ Sie unterstützen?
- Was wären gute Rahmenbedingungen für eine Zusammenarbeit mit Facebook-Gruppen und dem DRK?

Block 5: Abschluss

- Fällt Ihnen zu dem Thema noch ein Aspekt ein, den wir noch nicht beleuchtet haben?
- Fallen Ihnen noch weitere Beispiele ein, die für uns interessant sein könnten?
- Kennen Sie weitere Ansprechpartner, die uns weiterhelfen könnten?“

Anregungen aus der Literatur

Die Monografie von Helfferich (2010) liefert anschauliche Praxistipps und umfangreiche Übungen. Diese Lektüre können wir für all diejenigen empfehlen, die anwendungsorientiert eine sehr intensive Auseinandersetzung mit der Thematik verfolgen wollen.

Zwei Studien, die in ihren Artikeln Teile ihres jeweiligen Interviewleitfadens zeigen, sind die von D'Adderio (2014) und Sonenshein (2016). In beiden Artikeln können Sie sich einen Eindruck davon verschaffen, wie die Fragen gestellt wurden: offen, einfach und auf das Umfeld eingehend.

An dieser Stelle wollen wir auch noch eine kleine persönliche Anekdote anbringen: Für den Artikel in Ko-Autorenschaft mit Simone Ostermann (2022) wurden wir im Review-Verfahren von einem Reviewer gebeten unseren Interviewleitfaden offenzulegen (das kommt eher selten vor). Dieser wurde in der finalen Version des Artikels zwar nicht abgedruckt, dennoch wollte der Reviewer ihn einsehen. Dadurch konnte Transparenz geschaffen werden.

Übungsaufgaben

Aufgabe 1: Was für eine Form von Interview möchten Sie führen? Begründen Sie Ihre Antwort.

Aufgabe 2: Entwerfen Sie einen Interviewleitfaden für ein halbstrukturiertes Interview. Achten Sie darauf, dass Sie…
• …offene Fragen formulieren, um Raum für Ausführungen zu ermöglichen und • …Ergänzungsfragen formulieren, falls das Gespräch ins Stocken gerät.
2.1 Einleitende Bemerkungen zu Ihrer Abschlussarbeit / Ihrem Anliegen • Vorstellung Ihrer Person / Institution: Mein Name ist… • Ich arbeite an (Institution)… • Motivation Ihrer Studie: Zielsetzung meiner Studie ist es…

2.2 Einleitende Fragestellungen

- Eisbrecherfrage:

- Frage zur grundlegenden Einordnung der Thematik:

2.3 Hauptteil / Kernanliegen

- Themenblock 1 / Frage 1:
  - Unterfrage / Rückfallfrage:
  - Unterfrage / Rückfallfrage:
- Themenblock 1 / Frage 2:
  - Unterfrage / Rückfallfrage:
  - Unterfrage / Rückfallfrage:
- Themenblock 2 / Frage 1:
  - Unterfrage / Rückfallfrage:
  - Unterfrage / Rückfallfrage:

- Themenblock 2 / Frage 2:
  - Unterfrage / Rückfallfrage:
  - Unterfrage / Rückfallfrage:
- Themenblock 3 / Frage 1:
  - Unterfrage / Rückfallfrage:
  - Unterfrage / Rückfallfrage:
- Themenblock 3 / Frage 2:
  - Unterfrage / Rückfallfrage:
  - Unterfrage / Rückfallfrage:

2.4 Abschluss

- Abschlussfrage:
- Abschlusshinweis:

3.4 Beobachtungen

Mit Blick auf teilnehmende Beobachtungen gelten grundsätzlich die eingangs angeführten Bemerkungen zur Kontaktaufnahme (vgl. 3.2.2) sowie zum Auftreten im Feld im Fall von Interviews (vgl. 3.3).

Darüber hinaus lässt sich festhalten, dass die Beobachtung die **intensivste Form der Datenerhebung** darstellt. Im Gegensatz zu einem Interview sind Sie über einen längeren Zeitraum im Feld aktiv. Beobachtungen dienen dazu, **Handlungsweisen** zu erfassen, wohingegen beim Interview der Fokus eher auf individuellen Perspektiven oder retrospektiven Erzählungen liegt. Als Forscherin oder Forscher lassen Sie sich auf den konkreten sozialen Kontext ein und versuchen zunächst die in diesem Kontext wirksame **Kultur, Normen und Werte zu verstehen**, um die beobachteten Handlungsweisen später besser interpretieren zu können. Sie sollten versuchen, die Perspektive derjenigen einzunehmen, die Sie beobachten, da Sie an deren Verhalten interessiert sind, um die zugrundeliegenden Motivationen besser verstehen zu können. Daher müssen Sie auch deren Kultur verstehen lernen, da ansonsten die Gefahr besteht, dass Sie das Beobachtete an Ihrem eigenen Wertesystem messen und lediglich damit abgleichen. Dies kann Fehlinterpretationen zur Folge haben. Als Faustregel gilt: Sie haben es geschafft, sich auf das Feld einzulassen, wenn die betreffenden Organisationsmitglieder Sie nicht mehr als externe, fremde Person wahrnehmen, sondern als Teil der jeweiligen Gruppe bzw. Organisation.

Um tatsächlich **Teil der Gruppe zu werden**, ist es auch wichtig, dass Sie nicht nur zu Ereignissen erscheinen, an denen Sie aus Ihrer Forschungsperspektive heraus ein Interesse haben und einen Nutzen ziehen können, sondern sich auch darüber hinaus **im Feld engagieren**. Besuchen Sie so oft es Ihr Terminplan erlaubt und es von der Organisation her gewährt wird, die Organisation, versuchen Sie immer wieder, mit verschiedenen Personen in Kontakt zu treten und versuchen Sie sich selbst einzubringen. **Vertrauen** ist hier ein zentraler Aspekt und es braucht selbstverständlich Zeit, dieses Vertrauen zwischen der Gruppe und Ihnen aufzubauen. Daher reicht es in diesem Fall nicht aus, einmal einen Zugang zu bekommen, wie z. B. beim Interview. Sie müssen vielmehr permanent daran arbeiten, den Zugang aufrechtzuhalten bzw. zu stärken und zu erweitern.

An dieser Stelle möchten wir noch einen Verweis in Bezug auf formelle Interviews und Beobachtungsstudien machen. Wie gerade ausgeführt ist es bei Beobachtungsstudien von großer Bedeutung, das Vertrauen der Personen im Feld zu gewinnen und Teil der Gruppe zu werden. Wenn nun in diesem Prozess ein formelles Interview geführt wird, kann dies das aufgebaute Vertrauensverhältnis beeinträchtigen, weil durch das formelle Interview wieder alte Rollen eingenommen werden: die des Forschers und des Beforschten. Daher empfehlen wir bei Beobachtungsstudien eher auf informelle Gespräche zurückzugreifen, da hier das bereits vertrauensvolle Verhältnis bestehen bleibt, oder sogar intensiviert werden kann. Die informellen Gespräche können im Nachgang ebenfalls protokolliert werden (Gedächtnisprotokoll) und als wertvolle Daten dienen.

3.4.1 *Formen der Beobachtung und verschiedene Beobachtungsdimensionen*

Ihre **Rolle im Feld** kann grundsätzlich unterschiedlicher Natur sein. Angemerkt sei, dass diese Rolle nicht fix ist, sondern dass es sich durchaus empfiehlt, verschiedene Teilnehmerrollen einzunehmen, um so auch verschiedene Perspektiven kennen zu lernen. Wichtig dabei ist, dass Sie genau definieren, wann Sie welche Rolle einnehmen. Ein zeitgleiches Einnehmen mehrerer Rollen ist nicht möglich. Folgende Möglichkeiten stehen Ihnen bei der teilnehmenden Beobachtung generell zur Verfügung:

- **Verdeckte Beobachtung:** Bei der verdeckten Beobachtung wissen die Akteure in der Organisation nicht, dass sie von Ihnen beobachtet werden. Das heißt, Ihre *Identität als Forscherin oder Forscher ist dem Feld nicht bekannt*. Ein Beispiel könnte sein, dass Sie als Praktikant in einer Organisation tätig sind und dabei die Mitarbeiter beobachten, die wiederum nichts von Ihrem Anliegen wissen. Ein Vorteil dieser Variante ist es, dass sich die Akteure nicht verstellen, um z. B. ein besseres Bild von sich selbst oder der Organisation abzugeben. Zu bedenken gilt es hier ethische Aspekte, ob es z. B. angebracht ist, Daten zu erheben, ohne dies den entsprechenden Personen mitzuteilen. Grundsätzlich ist aus dieser Sicht die offene Beobachtung der verdeckten vorzuziehen. Eine mögliche Alternative ist es, zumindest mit dem Vorgesetzten abzusprechen, dass Sie Daten erheben und somit auch die Erlaubnis hierzu haben, und spätestens nach der Erhebungsphase Ihre Rolle preisgeben und alle in das Projekt einweihen.
- **Offene Beobachtung**: Im Gegensatz zur verdeckten Beobachtung sind bei der offenen Beobachtung alle Akteure im Feld über Ihre Aktivitäten als Forscherin oder Forscher informiert. Wie bereits erwähnt ist, aus ethischer Sicht diese Variante immer der verdeckten Beobachtung vorzuziehen und bietet den Vorteil, dass Sie niemanden täuschen. Selbstverständlich ist der Aufwand dafür Teil der Gruppe zu werden bei diesem Vorgehen größer.

- **Teilnehmende Beobachtung:** Bei der teilnehmenden Beobachtung sind Sie als Forscherin oder Forscher **hochgradig in das Feld und die dort stattfindenden Aktivitäten involviert**. Sie sind in diesem Fall Teil des sozialen Systems. Dies bringt den Vorteil, dass Sie **Innenansichten** („Insider-Informationen") bekommen und Einblicke in das Organisationsleben erhalten, die einem Externen verwehrt bleiben. Jedoch wollen wir an dieser Stelle auch kurz darauf aufmerksam machen, dass Sie sich zu gegebener Zeit auch zurückziehen müssen, um über das Beobachtete zu reflektieren und wieder eine **neutrale Perspektive** einnehmen zu können. Wenn Sie es tatsächlich geschafft haben, Teil der Gruppe zu werden, birgt dies die Gefahr, dass Sie auch wie die Gruppe denken und fühlen. Daher sollten Sie immer wieder hinterfragen, was Sie beobachten und sich auch aus dem Feld zurückziehen, um wieder eine neutrale Perspektive einzunehmen. Das wird aus unserer Erfahrung heraus nicht von heute auf morgen geschehen und wird je nach Person und Forschungsfeld unterschiedlich viel Zeit in Anspruch nehmen.
- **Nichtteilnehmende Beobachtung:** Bei der nichtteilnehmenden Beobachtung sind Sie nur **wenig bis gar nicht involviert**. Es gibt keinen direkten Kontakt oder persönlichen Austausch mit den Akteuren der Organisation. Sie greifen mit Ihren eigenen Handlungen nicht unmittelbar in das Geschehen ein und konzentrieren sich ausschließlich auf das Beobachten. Sie stehen daher recht passiv neben der Handlung und haben mit dieser nichts zu tun. Wie oben bereits angedeutet, halten Sie dabei häufig an Ihren eigenen Werten und Normen fest, wodurch es zu Fehlinterpretationen kommen kann. Zudem entgeht Ihnen die Chance zur interaktiven Auseinandersetzung mit den Akteuren durch gezieltes Nachfragen zu bestimmten Handlungen. Positiv bleibt jedoch festzuhalten, dass Sie aufgrund der geschilderten Distanz Ihre unabhängige Perspektive beibehalten können.

Die nächste wichtige Frage, die Sie sich stellen müssen, ist die Frage, was Sie genau beobachten wollen. Was ist Ihre **Untersuchungseinheit bzw. Beobachtungsdimension**? Auch hier gibt es naturgemäß mehrere Möglichkeiten und die Antwort hängt stark von Ihrem Forschungsinteresse und Ihrer Forschungsfrage ab. Oftmals empfiehlt es sich zu Beginn einer Studie noch recht offen ins Feld zu gehen. Sie sollten sich aber, sobald Sie sich einen Überblick verschafft haben, auf eine bestimmte Dimension konzentrieren, da Sie sonst möglicherweise den Fokus verlieren und mit zu vielen Informationen überflutet werden (siehe hierzu auch Flick 2007).

- **Handlungen**: Wenn Sie sich für bestimmte Handlungen interessieren, dann sollten Sie sich genau überlegen, welche Handlungen von zentraler Bedeutung sind. In der Studie von Geiger, Danner-Schröder und Kremser (2021) lag der Fokus auf Routinen, aber wie Sie sich vorstellen können, hat jede Organisation Unmengen von Routinen, die nicht alle berücksichtigt werden konnten. Daher ist es wichtig, dass Sie sich auf eine Auswahl an Handlungen konzentrieren.

- **Akteure**: Sie können sich auch auf die handelnden Personen konzentrieren. Auch hier sei angemerkt, dass Sie sich frühzeitig überlegen müssen, welche Personen aus welchem Interesse heraus für Sie interessant sind. Hier empfiehlt sich dann die Methode des so genannten *Shadowing*, d.h. Sie folgen gezielt einer Person und beobachten deren Verhalten genau.
- **Emotionen**: Eng verknüpft mit den handelnden Akteuren sind deren Emotionen, die ebenfalls eine zumindest indirekt durch Mimik, Gestik etc. beobachtbare Dimension darstellen. In diesem Fall sollten Sie sich frühzeitig überlegen, welche Emotionen für Sie interessant sind (positive, negative oder beide Ausprägungen) und von welchen Personen bzw. welchen Situationen.
- **Ereignisse**: Der Fokus kann auf bestimmten Ereignissen liegen, die Sie ex post oder in Echtzeit untersuchen wollen. Ein Beispiel hierfür wäre ein wöchentlich stattfindendes Meeting zu einem bestimmten Thema oder eine Naturkatastrophe wie das Erdbeben in Japan im Jahr 2011.
- **Zeit**: Sie können sich auch für den zeitlichen Ablauf entscheiden und dabei z.B. untersuchen, wie sich bestimmte Aspekte über die Zeit verändern oder stabil bleiben. In diesem Fall lohnt es sich mit einem Zeitstrahl zu arbeiten, um sich so zu notieren, wie der zeitliche Ablauf einer bestimmten Handlung ist. Sollten Sie sich mehrere Aspekte über die Zeit hinweg anschauen, empfiehlt es sich, getrennte Zeitstrahle zu nutzen.
- **Raum**: Auch die räumliche Dimension kann der Fokus einer Beobachtung sein. Vergleichbare Beobachtungen können z.B. durch das so genannte *Tracing* vollzogen werden. In diesem Fall können beispielsweise Laufwege von zu untersuchenden Personen oder Gruppen festgehalten werden. Eine Möglichkeit wäre in diesem Fall die Analyse der Laufwege einer Fußballmannschaft.
- **Physikalische Objekte**: Hierunter sind alle physikalischen Dinge zu verstehen, die Handlungen beeinflussen können. Ein Beispiel in diesem Fall wäre es zu untersuchen, welchen Einfluss ein Regelbuch auf Handlungen hat, oder wie in einem Büro die Anordnung von Tischen und Trennwänden Handlungen beeinflusst (z.B. offene Büros vs. Einzelbüros).

3.4.2 Das Protokollieren der erfassten Daten

Nachdem wir geklärt haben, welche Rollen Sie im Feld einnehmen können und welche Dimensionen Sie beobachten können, stellt sich nun die Frage, wie Sie **Ihre Daten dokumentieren**, da Sie kein einfaches Gesprächsprotokoll wie beim Interview nutzen können. Um Beobachtungsdaten zu dokumentieren, müssen Sie sich selbst so genau wie möglich Notizen machen. Dabei sind einige Regeln zu beachten:

- **Details**: Wichtig ist auf jeden Fall, dass Sie alle Eindrücke, die Sie beobachten, auch möglichst facettenreich notieren. Auch zunächst irrelevant erscheinende Kleinigkeiten sind später unter Umständen von Wert. Bei der Protokollierung müssen Sie bedenken, dass je nach Zeitplan die Datenerfassung sehr früh in Ihrem Forschungsprojekt beginnt, die Auswertung und Niederschrift jedoch viel später stattfindet. Aus Erfahrung können wir sagen, dass in dieser Zeitspanne vielfach wertvolle Informationen verloren gehen können. Daher ist es wichtig, **direkt bei der Erfassung der Beobachtungen detailreiche Notizen vorzunehmen**. Manche Informationen sind vielleicht auch während der Datenerfassung für Sie noch nicht relevant; aber das Forschungsinteresse kann sich auch noch ändern oder Ihr Betreuer möchte nochmal einen anderen Fokus, dann können genau diese Informationen plötzlich sehr wichtig werden.
- **Passen Sie sich an**: Eine weitere Frage, die sich stellt, ist, wie die Daten zu erfassen sind. Nutzen Sie eher **Papier und Stift oder moderne Technologien** wie z.B. ein Tablet? Hier lässt sich festhalten, dass Sie sich Ihrem **sozialen Umfeld anpassen** sollten. Falls Sie also z. B. Meetings beobachten, in denen jeder Teilnehmer einen Laptop nutzt, dann nutzen Sie auch einen Laptop. Sind Sie hingegen in einem sozialen Feld aktiv, in dem keine modernen Technologien genutzt werden, dann sollten auch Sie keine dieser Medien nutzen und auf einen Notizblock zurückgreifen. Grundsätzlich gilt, Sie sollten möglichst nicht durch die Art und Weise auffallen, wie Sie sich Notizen machen. Sie bekommen den unverfälschtesten Einblick in eine Organisation, wenn Sie **möglichst unauffällig** sind, weil sich in diesem Fall die beobachteten Personen so verhalten, wie sie das auch ohne Ihre Anwesenheit tun würden. Sollten Sie auch mit Notizblock zu sehr auffallen, dann ziehen Sie sich einfach immer wieder zurück und machen sich dann Ihre Notizen.
- **24-Stunden-Regel**: Da wie eben angedeutet die Protokollierung der beobachteten Daten oft nur in kurzen Pausen erfolgen kann, gilt es die 24-Stunden-Regel zu beachten. Diese besagt, dass Sie **innerhalb von 24 Stunden ihre Notizen vervollständigen sollen**. Setzen Sie sich also, nachdem Sie ihre Beobachtung beendet haben, nochmal bewusst an den Schreibtisch (oder nutzen Sie Transferzeiten im Zug

etc.) und schreiben nun bestmöglich alle Details auf, die Ihnen noch einfallen. Dies sollte innerhalb von 24 Stunden nach der Beobachtung erfolgen, da in dieser Zeit Ihre **Erinnerungen noch am frischesten** sind. Gerade nach einem langen, vielleicht auch anstrengenden Tag im Feld kann dies natürlich eine unangenehme Aufgabe sein. Aus Erfahrung können wir aber sagen, dass Sie später dankbar dafür sind, wenn Sie sich noch gequält haben, da sonst wichtige Daten verloren gehen. Die Anstrengung ist es definitiv wert!

- **Memos anfertigen**: Üblicherweise erfolgt die Datenerfassung nicht völlig losgelöst von der Interpretation. Ein qualitatives Methodenvorgehen ist daher oftmals nicht linear zu verstehen, sondern eher prozessual und man springt dabei von der Datenerfassung zur Datenanalyse und wieder zurück. Sollten Sie also im Prozess der Datenerfassung bereits **Interpretationen** vornehmen, so empfiehlt es sich, diese getrennt von den Daten zu erfassen, in sogenannten Memos. Alles, was Ihnen an **Ideen und Gedanken** kommt, sollten Sie tatsächlich festhalten, aber um sicherzustellen, dass Sie Ihre Rohdaten und Interpretationen nicht verwechseln, sollten Sie dazu ein separates Dokument erstellen.

Sie können Ihre schriftlichen Notizen selbstverständlich durch andere Daten noch anreichern. Hier bieten **neuere technologische Entwicklungen interessante Optionen**, von denen wir Ihnen auszugsweise einzelne Optionen präsentieren möchten:

- *Tonaufnahmen*: Digitale und analoge Diktiergeräte bieten die Möglichkeit, komfortabel Gespräche in hoher Qualität aufzuzeichnen. Mittlerweile bieten bereits Geräte ab € 30 eine angemessene Aufzeichnungsqualität und differenzieren oftmals nach Situationen (z. B. Gespräch in einem abgeschotteten Raum versus Gespräch in freier Natur). Teurere und gleichsam weniger handliche Geräte mit Richtmikrofonen bedienen höhere Ansprüche, wobei diese für die üblichen Ziele, die im Rahmen von Abschlussarbeiten verfolgt werden, meist nicht erforderlich sind. Häufig werden zunehmend auch Handy-Apps genutzt.
- *Fotografie*: Fotografien bieten die Möglichkeit, mannigfaltige Eindrücke aus erster Hand festzuhalten und anschaulich zu vermitteln (Pink 2001). Dies kann beispielsweise bei Kooperationsprojekten relevant sein, wenn mehrere Personen global verteilt ihre Erfahrungen fotografisch festgehalten haben und sich untereinander die entsprechenden Bilder zusenden. Außerdem ist oft nicht der Inhalt des Bildes selbst entscheidend. Vielmehr ist es denkbar, dass die Art und Weise, *wie* das Foto aufgenommen wurde, viel über die betreffenden Umstände aussagt (z. B. Aspekte wie Macht und Status widerspiegelt). Als klassisches Beispiel sei hier auf die Diskussion des Gemäldes Las Meninas von Diego Velazquez" bei Foucault

(1971) verwiesen. Im Rahmen seiner als „Archäologie" bezeichneten Vorgehensweise zeigt Foucault auf, wie aufschlussreich die Analyse derartiger Bilder sein kann, wenn nicht nur die Ästhetik selbst im Mittelpunkt steht. Vielmehr rücken dann Fragestellungen in den Mittelpunkt wie beispielsweise die Motivation für die Erstellung bzw. Beauftragung. Was ist also beispielsweise die Motivation gewesen, in einem Geschäftsbericht oder auf einer Internetseite, Organisationen beziehungsweise Personen so darzustellen, wie sie dargestellt wurden?

- *Videoaufnahmen*: Aufzeichnung per Video lassen sich klassisch vornehmen, indem eine Kamera frei schwenkend oder fest installiert wird. So können beispielsweise Veranstaltungen oder andere Ereignisse (z. B. Betriebsfeiern) dokumentiert und später einer Analyse zugeführt werden (s. hierzu vertiefend Knoblauch et al. 2012).

  Neuere technologische Entwicklungen bieten zudem die Möglichkeit, unterschiedliche Perspektiven einzunehmen. Während bis dato zumeist die Aufnahmen durch eine Person aus dem Kreis der Forschenden gemacht wurden (wenngleich es dahingehend auch unterschiedliche Optionen gibt; s. Mengis et al. 2018), bieten wie Kopfleuchten montierte Videokameras die Option, dass die zu untersuchende Person oder Personengruppe mit einem solchen „Headset" ausgestattet wird und deren Aktivitäten so potenziell authentischer dokumentiert und nachvollzogen werden können.

  Insgesamt lässt sich festhalten, dass Aufzeichnungen per Video zunehmend in der Forschung Verbreitung finden (Christianson 2018). Dies lässt sich damit begründen, dass vor allem Emotionen und Gruppeninteraktionen gut dokumentiert werden können.

Beobachtungen durch das **Internet** stellen einen Sonderfall dar. Diese Form wird oftmals auch mit dem Begriff **Netnographie** (Kozinets 2002) in Verbindung gebracht – eine Wortschöpfung aus den Begriffen Inter*net* und Eth*nographie*. Die Merkmale sowie Vor- und Nachteile können vor allem dem Vorgehen im Zuge der verdeckten oder nichtteilnehmenden Beobachtung ähneln, da die beobachtenden Personen nicht physisch oder virtuell anwesend sein müssen. Die Verfasser dieses Lehrbuchs haben beispielsweise ex post Austauschforen im Internet zum Umgang mit der Flüchtlingssituation in Deutschland betrachtet (Danner-Schröder, Müller-Seitz 2020). Dabei wurden u. a. Facebook-Webseiten gesichtet und es wurde rekonstruiert, wie und welche Gruppen sich temporär zusammenfinden, um die Krisensituation zu bewältigen.

Da die Anschaffung der Geräte kostspielig sein kann, bietet es sich an, die **betreuende Person / Institution zu** fragen, ob Sie sich die benötigten **Geräte ausleihen** können.

3.4.3 Hinweise, was es zu berücksichtigen und zu vermeiden gilt

An dieser Stelle möchten wir Ihnen noch ein paar Hinweise mit auf den Weg geben, die wir in unseren eigenen bisherigen Beobachtungen gesammelt haben

- **Kleiderwahl**: Wir haben zwar schon mehrfach in diesem Buch darauf hingewiesen, wie wichtig die richtige Kleiderwahl ist, allerdings wollen wir nun nochmal spezifisch auf den Beobachtungsprozess und die Kleiderwahl eingehen. Unter dem Punkt „sich anpassen" (vgl. 3.4.2) haben wir bereits darauf aufmerksam gemacht, dass Sie sich so unauffällig wie möglich verhalten sollen, damit sich die Personen, die von Ihnen beobachtet werden, möglichst normal verhalten. Daher an dieser Stelle nochmal der Hinweis, dass Sie sich hier nicht nur kontextangemessen kleiden sollten (z. B. sportlich-leger vs. im Anzug), sondern möglichst neutral. Es gilt grelle Farben zu vermeiden, denn auch eine pinke Bluse oder Hemd sind zwar vielleicht für das Umfeld passende Kleider, allerdings viel zu auffällig. Sie sollten darauf achten, dass Sie möglichst nicht auffallen.
- **Das richtige Maß an Teilnahme**: Wie bereits angedeutet, können Sie Beobachtungen durchführen, in dem Sie im Feld aktiv sind. Häufig werden Sie gefragt, ob Sie kleine Aufgaben übernehmen können, ähnlich wie bei einem Praktikum. Dies ist natürlich eine ideale Gelegenheit, um einen tiefen Einblick ins Feld zu bekommen. Allerdings müssen Sie Acht geben, dass diese Aufgaben nicht überhandnehmen. Sollten Sie durch diese Tätigkeiten zu sehr vereinnahmt werden, kann es Sie vom eigentlichen Datensammeln ablenken. Daher wäre in diesem Fall ein klärendes Gespräch mit einem Verantwortlichen ratsam. Dabei ist natürlich etwas Fingerspitzengefühl gefragt, da Sie ihren Projektpartner und das vielleicht gerade erst entstandene Vertrauen auch nicht gleich wieder zerstören wollen.

  Zudem sollten Sie später in Ihrer Arbeit darüber reflektieren, inwieweit Sie durch Ihre Handlungen auch bestimmte Prozesse beeinflusst haben. Sollten Sie z. B. in einem Meeting durch Ihre Vorarbeiten oder Diskussionsbeiträge dazu beitragen, dass Entscheidungen anders ausfallen als ohne Ihr Einwirken, dann sind die Daten nicht mehr neutral. Sie müssen Ihre Rolle im Feld offenlegen und den eigenen Beitrag reflektieren. Sollte Ihr Eingreifen tatsächlich das Organisationsgeschehen beeinflussen, dann sollten Sie sich mit der Methode *Aktionsforschung* (*Action Research*) vertraut machen, die sich genau dieses Eingreifen des Forschers oder der Forscherin zu Nutze macht.

- **Eintauchen in das Feld vs. Distanz als Forscher wahren**: Das Spannungsfeld zwischen Eintauchen in ein soziales Umfeld und sich komplett darauf einlassen und dennoch genügend Distanz zu wahren, um neutral zu bleiben, ist nicht immer leicht zu lösen. Sie bekommen einen Zugang zu einem Feld, in dem Sie zunächst eine neue Kultur und eventuell auch einen Kontext kennenlernen, der Ihnen fremd ist. Dies allein kann schon eine große Herausforderung sein. Zusätzlich haben Sie jetzt aber auch noch die Aufgabe, genügend Distanz zu wahren, um wissenschaftlich arbeiten zu können. Hier empfehlen sich zwei Ratschläge. Zum einen versuchen Sie diese beiden Aspekte möglichst zeitlich voneinander zu trennen. Lassen Sie sich zunächst bestmöglich auf das Feld ein, natürlich ohne Ihre Forschungsfrage zu vergessen. Anschließend sollten Sie sich etwas Zeit geben, die Eindrücke zu verarbeiten und zu reflektieren. Zum anderen hilft es, hier eine neutrale Person an der Seite zu haben, z. B. Ihren Betreuer, der selbst nicht parallel Erhebungen vornimmt und Ihre Interpretationen immer wieder kritisch hinterfragt. So lassen sich leichter Hand getroffene Interpretationen, weil Sie noch zu sehr die Denkweise der beobachteten Personen innehaben, vermeiden.
- **Keine Standards**: Grundsätzlich lässt sich festhalten, dass es zum Beobachten keinen Standard bzw. keine fertige Strategie oder Vorgehensweise gibt. Auch die von uns gegebenen Hinweise sind als genau solche zu verstehen und als der Versuch, Sie an unseren Erfahrungen teilhaben zu lassen. Sie sollten jedoch nicht als fertige Schritt-für-Schritt-Lösung begriffen werden. Im Feld müssen Sie Ihre eigenen Erfahrungen machen, zumal ja auch jeder Kontext seine Eigenheiten hat und somit gar nicht verallgemeinerbar ist. Nichtsdestotrotz ist es wichtig, sich mit anderen Personen, die vielleicht auch schon mehr Erfahrung haben, auszutauschen und sich Tipps zu holen, da bestimmte Fehler dennoch vermieden werden können.
- **Ein Ende finden**: Eine letzte Frage, die sich zweifelsohne irgendwann stellt, ist die nach dem Ende einer Studie. Man befindet sich nun schon recht lange im Feld und man ist sich unsicher, ob man schon genug Daten hat oder noch nicht. Es gibt einige recht praktische Gründe, warum eine Studie beendet sein kann: die Frist der Abgabe Ihrer Abschlussarbeit rückt näher, die finanzielle Förderung läuft aus, persönliche oder familiäre Gründe zwingen einen wieder in das „normale Leben“ zurück. Ein guter Anhaltspunkt, wenn auch kein objektiv messbarer, ist es, wenn Sie das Gefühl haben, nichts Neues mehr zu finden. Das Gefühl, dass Sie das alles schon mal gesehen oder gehört haben, ist meist ein guter Indikator, dass Sie genügend Daten gesammelt haben.

- **Kontakt halten**: Aus diesem Grund lohnt es sich auch immer, den Kontakt zu Ihrem Forschungsfeld aufrecht zu erhalten. In diesem Fall können Sie in das Feld zurückkehren, sollten Sie merken, dass Sie doch noch einmal Daten sammeln müssen oder Ihnen bestimmte Informationen noch fehlen.

In der Studie von **Geiger, Danner-Schröder und Kremser (2021) zur Koordination von Routinen im Feuerwehreinsatz** haben die ersten beiden Autoren die Daten gesammelt. Hier machte es sich bezahlt, dass ein Autorenteam an dem Projekt gearbeitet hat. Der Austausch mit dem jeweiligen Koautor war daher von zentraler Bedeutung, um über die gemachten Beobachtungen zu reflektieren und hat dabei geholfen, Interpretationen nochmal zu überdenken oder auszubauen. Da auch in diesem Fall der gute Kontakt zur Feuerwehr aufrechterhalten wurde, konnten kleinere Nachfragen auch immer schnell per Mail oder Telefon geklärt werden oder bei gemeinsamen Arbeitsessen vertieft diskutiert werden.

Die Studie wurde grundsätzlich als **offene Studie** ausgeführt und alle Feuerwehr-Mitglieder wussten darüber Bescheid. Da alle Teammitglieder der Trainingsgruppe sowie Trainer während der Beobachtungen auf dem Trainingsgelände informiert waren, sowie das gesamte Personal auf den beiden Feuerwehrwachen, hatten sich alle schnell an die Anwesenheit und die Notizblöcke gewöhnt. Natürlich kam der eine oder die andere auch mal auf uns zu, gerade in ruhigen Phasen auf der Wache, und hat nachgefragt, was wir den ganzen Tag aufschreiben. Dies ließ sich in einem Gespräch immer gut erklären und hat somit für Transparenz gesorgt.

Zu Beginn der Studie hat sich wie bei vielen anderen Studien auch die Frage gestellt, **was es zu beobachten gilt**. Klar war bereits zu Beginn, dass es sich um **Routinen** handeln soll, da dies das theoretische Sampling vorgegeben hat. Der Fokus in der Routineforschung liegt zunehmend auf den einzelnen Handlungen einer Routine, weshalb es zunächst auch weniger wichtig war Routinen in ihrer Gesamtheit zu identifizieren. Vielmehr protokollierten die beiden Erstautoren die einzelnen Handlungen, z. B. Schutzkleidung anziehen, Informationen sammeln, Wasserschläuche vorbereiten oder Drehleiter ausfahren. Zusätzlich wurde aufgeschrieben, wer welche Handlung ausgeführt hat. Da das Interesse nicht nur auf den Routinen lag, sondern auch auf der zeitlichen Unsicherheit, wurde selbstverständlich auch der Kontext, d. h. die jeweilige Situation mitprotokolliert. Um zusätzlich ein besseres Verständnis des zeitlichen Vorgehens zu erlangen, haben sich die Autoren im Minutentakt einen Zeitstempel in ihre Notizen gemacht. Dieses Vorgehen war äußerst wichtig, um später analysieren zu können wer (Akteur) was (Handlung) wann (Zeitstempel) gemacht hat.

Obwohl der Fokus auf Routinen und Handlungsabläufen gelegen hat, haben sich die Autoren auch **bestimmte Akteure zu Nutze gemacht**, um **leichteren Zugang** oder auch Erklärungen zu bekommen. Während der Trainingseinheiten, als die Autoren im Feld auch noch sehr unerfahren waren, konnten die Trainer wesentliche Erkenntnisse teilen und das Vorgehen erklären. Dies hat zentral dazu beigetragen, die Arbeitsabläufe besser zu verstehen und ein Gefühl für das Feld zu bekommen. Während der realen Einsätze war es immer hilfreich, sich in der Nähe der Teamführung aufzuhalten. Die Führungskräfte hatten immer eine gewisse Distanz zum Vorgehen, da sie den Gesamtüberblick behalten müssen. Das hat dazu beigetragen, dass wir uns auch nicht in der direkten Gefahrenlage aufgehalten haben, außerdem waren wir immer dort, wo gerade Entscheidungen getroffen wurden, und wir konnten zusätzliche Informationen der Führungskräfte erhalten, wenn es die Zeit zugelassen hat. Somit konnten wir unser eigenes **Risiko minimieren**, dennoch war unser **Zugang zum Einsatzgeschehen** gewährt und wir konnten **Nachfragen stellen**.

Die **Kleiderwahl** war aufgrund des Kontexts sehr wichtig. Bereits zu Beginn unserer Zusammenarbeit wurde uns gesagt, dass wir uns Sicherheitsschuhe besorgen müssen, da wir sonst nicht mit auf das Trainingsgelände dürfen. Während der Trainings haben wir ansonsten wetterfeste, warme Kleidung getragen, da unsere Datenerhebung im Herbst stattfand und das Training auch bei Wind und Regen draußen stattgefunden hat. Während der Zeit auf den Wachen war die Kleiderwahl insofern geklärt, als wir jeweils eine Uniform zur Verfügung gestellt bekommen haben. Aus diesem Grund konnten wir uns sehr unauffällig im Feld bewegen.

Mit Blick auf die Studie zum **Umgang mit der Flüchtlingssituation** (Danner-Schröder, Müller-Seitz 2020) wurde auf eine Netnographie zurückgegriffen. Dies lag einerseits an der geografischen Lage der Orte, die über Deutschland verteilt waren und so Reisekosten entfielen und der Zeitaufwand minimiert werden konnte. Andererseits ließen sich so letztlich durch die Analyse der sozialen Medien ex post-Beobachtungen auf „verdeckte" Art und Weise durchführen und so die Art und Weise des Organisierens rekonstruieren.

Person N ▇▇▇ Ich habe mit der unglaublich netten und hilfsbereiten ▇▇▇ von den FiF telefoniert. Sie haben keine eigene Leinwand, wollen uns über ihren Verleiher aber eine Leinwand sponsoren sowie eine Aktiv-Box für den Ton und einen DVD-Player. Sie kümmern sich auch auf den Auf- und Abbau. Folgende Fragen müssen bitte noch schnellstmöglich geklärt werden:

1.) Wie groß soll die Leinwand sein, d.h. insbesondere: Wie hoch ist das Zelt??
2.) Wieviele Zuschauer werden in etwa dort sein?
3.) Welcher Film wird gezeigt?

▇▇▇, könnt ihr diese Fragen bitte schnellstmöglich klären?

Gefällt mir · Antworten · 3 J · Bearbeitet

I have spoken with the very nice and helpful Person from the FiF. They have no screen of their own, but want to donate a screen from their lender as well as a active-box for the sound and a DVD-player. They would also take care of the set up. The following questions have to be answered as soon as possible:
1.) How big should the screen be, meaning how high is the tent?
2.) How many viewers are expected?
3.) Which movie will be shown?
Person A, could you please answer these

Person N Boxen und Abspielgerät sind geklärt, ich habe meinen Beitrag nachträglich geändert.

Gefällt mir · Antworten · 3 J

Boxes and DVD-player are organized; I have changed my post belatedly

Person A Wir wissen nicht genau wieviel Gäste da sein werden, 100 finde ich realistisch. Leider weiß ich nicht die größe des Zeltes, aber da könnte uns vllt ▇▇▇ helfen. Sollen wir uns auf Wall_E einigen? Dann wäre einiges geklärt

Gefällt mir · Antworten · 3 J

We don't know how many viewers will be there, I think 100 is realistic. I don't know how big the tent is, but Person K might help. Should we agree on Wall_E? This would settle a few things.

Person A Maße des Zeltes 20 x 25 m Deckenhöhe etwa 2,4 m

Gefällt mir · Antworten · 3 J

Dimensions of the tent 20X25 meters, ceiling height 2.4 meters

Abb. 1: Austausch über die Organisation eines Filmabends.
Quelle: Danner-Schröder, Müller-Seitz (2020: 192).

Voranstehende Abbildung liefert einen Eindruck von teilnehmender Beobachtung im Internet im Sinne der Netnographie.

Anregungen aus der Literatur

In der Studie von Dittrich und Seidl (2018) beschreiben die Autoren sehr schön, dass die Erstautorin über 12 Monate ihre Daten durch nicht-teilnehmende Beobachtungen gesammelt hat. Sie beschreibt, dass sie jede Woche zwei bis drei Tage im Unternehmen war, um tägliche Interaktionen, soziale Aktivitäten und Meetings zu beobachten. Die Autoren beschreiben auch, dass die Präsenz der Wissenschaftlerin schnell akzeptiert wurde und sie mit umfangreichen Informationen versorgt wurde. Die Erstautorin beschreibt zudem, wie sie ihre Feldnotizen in elektronische Dokumente überführt hat und nach der 24-Stunden Regel ihre Notizen vervollständigt hat.

Mit Blick auf die Nutzung bzw. Auswertung von Fotografien möchten wir auf den Beitrag von LeBaron et al. (2016) hinweisen, in dem sie untersuchen, wie Informationen bei der Schichtübergabe im Krankenhaus weitergegeben werden. In dem Artikel sind einige Fotografien aus der Studie abgedruckt und es wird mit Pfeilen markiert, wohin jemand schaut oder auf welches Dokument sich jemand in einer bestimmten Situation konzentriert. Diese Methode ist daher hervorragend dazu geeignet, auch im Nachhinein die Daten analysieren zu können. Dies wurde in diesem Fall zusätzlich zu eigenen Beobachtungen angewendet. Somit wurde das tiefe Verständnis aus dem Feld, welches nur durch eigene Beobachtungen gewonnen werden kann, durch Artefakte wie Fotografien unterstützt, die eben auch retrospektiv analysiert werden können.

Eine neue Form der Datenerhebung nutzt nicht nur statische Fotografien, sondern eben auch Videoaufzeichnungen. Ein einführender Artikel in diese Thematik ist der von LeBaron et al. (2018). Videodaten können natürlich ebenso als zusätzliche Daten zu eigenen Beobachtungen genutzt werden. Weiterhin können solche Daten als separate Datenquelle dienen. Hier möchten wir auf den Artikel von Wenzel und Koch (2018) verweisen, die sich die Keynote-Ansprachen von Apple im Zeitverlauf angesehen haben. Sie beschreiben in ihrem Artikel, dass Videos die Gelegenheit bieten, die Aufnahme anzuhalten und nochmal abzuspielen. Dies ist eine Chance, die bei eigenen Beobachtungen nicht gegeben ist. Zusätzlich bieten Videos die Möglichkeit, „to render both the discursive and bodily aspects of strategic practices accessible to investigation" (645).

Übungsaufgaben

Aufgabe 1:	Setzen Sie sich an einen öffentlichen Platz und beobachten Sie das Geschehen auf dem Platz. Machen Sie möglichst genaue Notizen und reflektieren Sie anschließend, was Ihnen durch die Beobachtung aufgefallen ist, was Ihnen zuvor vielleicht nicht bewusst war.

Aufgabe 2: Identifizieren Sie mögliche Veranstaltungen, die in Frage kommen, um im Rahmen Ihrer Abschlussarbeit teilnehmende Beobachtungen vorzunehmen.

#	*Anlass der teilnehmenden Beobachtung*	*Ausrichter oder Format*	*Datum/ Zeitraum*	*Ort*	*Teilnehmerkreis (ggf. Namen/Affiliationen)*	*Anzahl der Teilnehmenden*
1						
2						
3						
4						
5						

Aufgabe 3: Notieren Sie sich mögliche Kontexte oder Veranstaltungen für Ihre Abschlussarbeit oder eine Studie, an denen Sie teilnehmen möchten. Reflektieren Sie Vor- und Nachteile.

Untersuchungskontext	*Vorteile des Untersuchungskontextes*	*Nachteile des Untersuchungskontextes*

3.5 Dokumente und Artefakte erfassen

Dokumente und Artefakte können wertvolle Anregungen im Prozess der Datensammlung liefern. Eine vollständige Aufzählung unterschiedlicher Dokumenttypen bzw. Arten von Artefakten ist dabei nicht möglich.

Allerdings wollen wir im Folgenden kurz **gängige Dokumente und Artefakte** vorstellen:

- *Korrespondenz*: Eine möglicherweise im Vergleich recht sensible Einblicke vermittelnde Datenquelle ist die Korrespondenz der zu analysierenden Personen oder Organisationen. Dabei ist es unerheblich, ob es sich um organisationsexterne oder -interne Korrespondenz handelt. In jedem Fall können hier – gerade im Fall organisationsinterner, vertraulicher Korrespondenz (vgl. Gebhardt, Müller-Seitz 2011) – intime Eindrücke über das Organisationsgeschehen gewonnen werden.
- *Präsentationsunterlagen:* Diese Dokumente können hilfreich sein, weil sie zumeist den dort transportierten Inhalt in den Mittelpunkt rücken. Aber auch hier sei ein Wort der Warnung angebracht: vielfach sind Präsentationen für Außenstehende oder selbst für Organisationsmitglieder nur schwer nachzuvollziehen. Grund hierfür ist, dass Präsentationen üblicherweise wenig Fließtext enthalten und so Inhalte, die verbal transportiert wurden, verloren gegangen sind. Vor allem heikle Themen werden oftmals ausgespart und nur mündlich geäußert.
- *Protokolle:* Protokolle sind insofern von Belang, als sie das relevante Organisationsgeschehen, das im Rahmen der jeweiligen Sitzung adressiert wurde, vermeintlich adäquat abbilden bzw. die erörterten Inhalte angemessen widerspiegeln. In der Praxis ist jedoch auch immer wieder zu beobachten, dass Protokolle vielfach hochpolitisch und damit wenig zu gebrauchen sind. Denn oft werden bei Protokollen – ebenso wie im Fall von Präsentationsunterlagen – lediglich Inhalte wiedergegeben, die eine Art Minimalkonsens darstellen. Als drastischer Beleg sei hier das tage- bis wochenlange Tauziehen auf Klimakonferenzen und die daraus resultierenden „Protokolle" angeführt (vgl. exemplarisch die Ausführungen bei Schüßler et al. 2014). Freilich handelt es sich dabei nicht um organisationsinterne, klassische Protokolle, sondern um multilaterale Konstrukte zwischen unterschiedlichen Akteuren. Dennoch zeigt dieses Extrembeispiel die Limitationen von Protokollen auf.
- *Guidelines:* Häufig haben Organisationen jede Menge Guidelines, in denen steht, wie Prozesse im Unternehmen ablaufen sollen. Auch wenn in der gängigen Management- und Organisationsforschung

Einigkeit darüber besteht, dass Prozesse meist nicht so ablaufen, wie sie definiert sind, bieten Guidelines einen ersten guten Überblick. Später können sie auch genutzt werden, um Abweichungen zwischen Soll und Ist zu analysieren.

- *Offizielle bzw. an Externe gerichtete Dokumente*: Bei diesem Dokumententypus raten wir noch mehr als in anderen Fällen zum bedachten Umgang mit den vermittelten Informationen. Zur Illustration sei auf Jahresabschlussberichte von Unternehmen und deren Hochglanzbroschüren-Charakter verwiesen.
- *Technische Dokumentationen:* Im Zuge der Analyse von unerwarteten Ereignissen, wie etwa Flugzeugabstürzen, kann es hilfreich sein, technische Dokumente zu sichten. Als Beispiel ließe sich die Analyse der so genannten Black-Box-Aufzeichnungen anführen. Diese Aufzeichnungen enthalten vielfach aufschlussreiche Informationen über das Geschehen im Cockpit unmittelbar vor dem jeweiligen Vorfall. Als einprägsames und zugleich erschütterndes Beispiel sei an die Aufklärung der Absturzursache der Germanwings-Maschine in den französischen Alpen zu Beginn des Jahres 2015 erinnert.
- *Autobiografien*: Autobiografische Darstellungen können sehr hilfreich sein, um die subjektiven Einschätzungen der betreffenden Person zu erhalten bzw. deren Ansichten besser zu verstehen – und sodann kritisch zu hinterfragen. Allerdings ist kritisch festzuhalten, dass vielfach auf den ersten Blick als Autobiografien ausgewiesene Fundstücke faktisch Biografien sind, weil sie von Ghostwritern oder beauftragten professionellen Autoren geschrieben wurden.
- *Berichte, Studien, Projektdokumentationen, White Paper etc.:* Diese Artefaktform ist üblicherweise hochgradig subjektiv. In diesen Dokumenten werden üblicherweise mehr oder minder gezielt Außenstehende oder organisationsinterne Akteure adressiert. Daher ist bei diesen Dokumenten stets eine gewisse Skepsis bei der Interpretation anzuraten.
- *Internet-basierte Information/Kommunikation*: Soziale Medien (z. B. Facebook oder Twitter) sowie IT-basierte Kommunikationsmedien (z. B. Weblogs, Wikis oder personalisierte Webseiten) bilden eine weitere mögliche Quelle. Inwieweit die dort angeführten, vielfach eher informell gehaltenen Informationen zu Studienzwecken genutzt werden können, hängt letztlich vom konkreten Studiendesign bzw. Erkenntnisinteresse ab sowie der Art der Quelle ab.

In der Studie von **Geiger, Danner-Schröder und Kremser (2021), die sich mit Routinen im Feuerwehreinsatz** auseinandergesetzt hat, wurden die Alarmmeldungen sowie die Einsatzprotokolle analysiert, um unsere eigenen Notizen abzugleichen und Datentriangulation zu gewährleisten.

In der **Studie zum Umgang mit der Flüchtlingssituation** von Danner-Schröder und Müller-Seitz (2020) wurde zunächst eine umfangreiche Recherche mit Blick auf Print- und Internetmedien vorgenommen. Dabei wurden von Beginn an rudimentäre Kategorisierungen vorgenommen. So wurden beispielsweise die Akteure hinsichtlich ihrer nationalen Zugehörigkeit unterschieden sowie die Entwicklung der Flüchtlingssituation im Zeitablauf nachgezeichnet (s. nachstehende Abbildung). In Summe belief sich der Datenumfang auf 944 Seiten an Sekundärdaten.

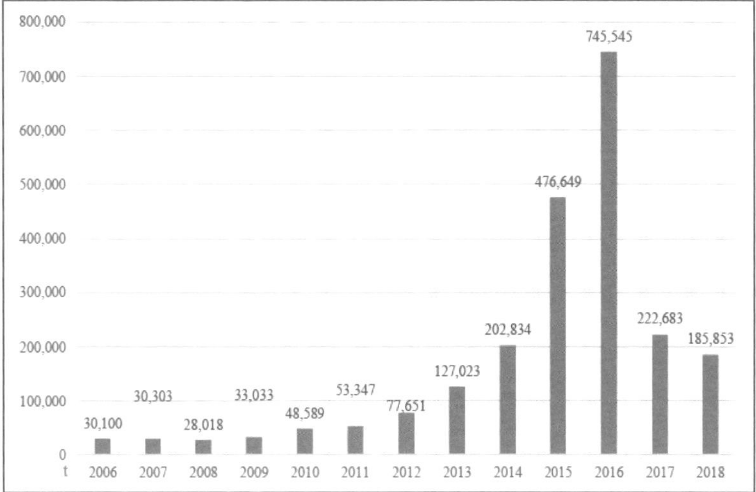

Abb. 2: Entwicklung der Flüchtlingszahlen nach Deutschland im Zeitablauf.

Quelle: Danner-Schröder, Müller-Seitz (2020: 184).

Des Weiteren wurden Veröffentlichungen institutioneller Akteure mit in die Datensammlung eingeschlossen. Hierzu gehörten beispielsweise öffentliche Einrichtungen, wie etwa das Bundesamt für Migration und Flüchtlinge.

Interviews	
Munich	15 interviews – 216 pages
Ingelheim	12 interviews – 141 pages
Dusseldorf	5 interviews – 27 pages
Survey „Engagement of volunteers"	558 interviews
Survey „Administrational process on the local level"	349 interviews
Facebook Pages	
Munich	768
Ingelheim	75
Dusseldorf	5186
Documents	
Government documents, laws, administrational processes, legal regulations	944

Tab. 4: Überblick über die gesammelten Daten.
Quelle: Danner-Schröder, Müller-Seitz (2020: 184).

Zudem erfolgte auch eine Datentriangulation, d.h. es wurden verschieden Erhebungsformen genutzt. Diese kann der voranstehenden Tabelle entnommen werden. Diese Form der Darstellung kann auch im Ergebnisteil präsentiert werden. Gebräuchlicher ist es tendenziell jedoch, dies im Datenanalyseteil vorzunehmen.

Anregungen aus der Literatur

In der Studie von Goh und Pentland (2019) zeigen die Autoren auf, wie digitale Aufzeichnungsdaten/-dokumente genutzt werden können. Die Autoren werten „Scrum Sheets" aus, d.h. die Log-Daten, wer welche Aufgabe in einem Team bearbeitet hat. Auf diese Weise wurden die Handlungen von Akteuren über die Zeit ausgewertet.

Im Fall der Studie von Dobusch und Kollegen (2019) wird der offene Strategiefindungsprozess der Wikimedia Foundation untersucht, der Betreiberorganisation von u.a. Wikipedia, Wikibooks und Wikiquote. Die Studie dokumentiert anschaulich den Mehrwert von Internet-basierten Daten mit Blick auf Datensammlung und -analyse, da das Gros der Daten nebst Interviews aus dem so genannten „Strategy Wiki" stammt – einer Internetseite, welche eigens für den offenen Strategiefindungsprozess eingerichtet wurde.

Übungsaufgaben

Aufgabe 1: Reflektieren Sie über die Nutzung unterschiedlicher Quellen. Was sind die Vor- und Nachteile der folgenden Quellen?

Quelle	*Vorteile*	*Nachteile*
Fotografien		
Tagespresse		
Interne E-Mail-Korrespondenz		
Handschriftliche Notizen der Interviewpartnerinnen und -partner		
Guidelines		

Aufgabe 2: Sammeln Sie Anregungen, welche Sekundärquellen Sie in Ihrer Abschlussarbeit verwenden möchten.

Dokumentenart	*Analysierte Dokumente*
Dokumentenart 1:	
Dokumentenart 2:	
Dokumentenart 3:	
Dokumentenart 4:	
Dokumentenart 5:	

4. Ausgewählte Datenanalyseformen

Ausgewählte Lernziele

Nach der Lektüre dieses Kapitels sind Sie in der Lage, ...

- ... die Sichtung Ihrer Daten zu bewältigen,
- ... unterschiedliche Vorgehensweisen gegenüberzustellen und die für Sie geeignete Form auszuwählen (z. B. händisch versus Software-basiert),
- ...Daten auf unterschiedliche Art und Weise zu sortieren (z. B. chronologisch oder hierarchisch),
- ...Kategorisierungen vorzunehmen, die ehemals lose nebeneinanderstehende Daten zu einem Gesamtkonzept verbinden.

4.1 Überblick

Die Datenanalyse ist stets vor allem zu Beginn reichlich unübersichtlich, vielfach beschleicht einen das Gefühl, in dem Überfluss an Informationen zu ertrinken. Pettigrew (1990: 281) spricht in diesem Zusammenhang anschaulich von „death by data asphyxiation". Da dieses Gefühl eine normale Begleiterscheinung darstellt, wollen wir uns dieser Herausforderung in zwei Schritten nähern, um Ihnen eine mögliche Herangehensweise an dieses Problem zu liefern. Im ersten Schritt bietet es sich an, die Daten zu sammeln, rudimentär zu sichten und zu sortieren, um sich einen Überblick zu verschaffen (4.2). Darauf aufbauend können Sie den vorliegenden Daten eine Struktur geben, was im Rahmen der Datenkodierung und -kategorisierung erfolgt (4.3).

4.2 Daten sichten und sortieren

Nachdem Sie nun über einen gewissen Zeitraum Daten im Feld gesammelt haben, müssen Sie diese in einem nächsten Schritt auswerten. Gerade zu Beginn dieses Prozesses stellt sich häufig die Frage, wo und wie man mit der Auswertung beginnt. Um die erste Hürde zu überwinden und einen Zugang zu den Daten zu bekommen, empfehlen wir, zunächst die Daten zu sortieren. Dies stellt noch keine Analysemethode dar, hilft Ihnen aber einen Überblick zu bekommen. Im Folgenden stellen wir einige Möglichkeiten dar, wie Sie ihre Daten sortieren können:

- **Datenarten**: Wie in Kapitel 3 vorgestellt, gibt es mehrere Möglichkeiten, welche Art von Daten Sie sammeln können, wie z. B. Interviews, Beobachtungsdaten und Dokumente. Eine geläufige Variante die Daten zu sortieren, besteht daher darin, diese nach den verschiedenen Arten zu trennen.
- **Zeitliche Einteilung**: Eine weitere Möglichkeit besteht darin, die Daten zeitlich zu sortieren. Hierbei stehen Ihnen zwei Möglichkeiten zur Verfügung. Zum einen können Sie einen Zeitstrahl nutzen, um Ihre Daten nach dem Auftreten von Ereignissen zu sortieren. Gruppieren Sie alle Daten, die Sie gesammelt haben, nach dem zeitlichen Auftreten im Feld.

  Die zweite Möglichkeit besteht darin, dass Sie Ihre Daten in der Reihenfolge sortieren, in der Sie sie gesammelt haben. Dies kann eventuell nützlich sein, um zu rekonstruieren, welche Daten sich auf bereits zuvor gesammelte Daten beziehen.
- **Handlungen:** Sie können Ihre Daten auch verschiedenen Handlungen zuordnen. Gesetzt den Fall, Sie haben unterschiedliche Daten

gesammelt, die aber alle einer Handlung zuzuordnen sind, erweist sich dieses Sortiermuster als hilfreich, um inhaltliche Zusammenhänge oder Kausalitäten aufzuzeigen.

- **Akteure:** Ebenso können Sie Ihre Daten verschiedenen Akteuren zuordnen. Haben Sie z. B. Daten zu Emotionen gesammelt, so wäre es eine Variante, die entsprechenden Daten den Akteuren zuzuordnen, die emotional betroffen waren. Oder Sie können verschiedene andere Beobachtungen und Interviews jeweils den Akteuren zuordnen, von denen die Daten stammen.

Bei der Aufbereitung und Sortierung der Daten stehen Ihnen grundsätzlich alle medialen Möglichkeiten offen. Nutzen Sie z. B. Flipcharts, Metaplanwände, Tafelbilder und Mindmaps. Diese Vorschläge sollen lediglich der Inspiration dienen mit dem Hinweis, dass es noch unzählige weitere Varianten gibt. Die folgenden Abbildungen zeigen wie Rohdaten zunächst zu gemeinsam Kategorien zusammengefasst wurden, bevor die Kodierungen in Zusammenhang gebracht wurden.

Abb. 3: Sortierung von Daten zum Erhalt eines Überblicks.
Quelle: Rothmann (privat).

Sie können eine erste Datensichtung und -sortierung auch bereits durch eine erste Kodierungsrunde vornehmen. In diesem Fall ist es hilfreich, **In-vivo-Kodierungen** zu nutzen (zu Kodierungen s. ausführlicher 4.3). In-vivo-Kodierungen vorzunehmen bedeutet, dass Sie die Sprache der jeweiligen Organisation als Kodierungen nutzen. Sie können z. B. bestimmte Handlungen bereits kodieren und diese so benennen, wie es die Organisationsmitglieder selbst bezeichnen, also noch keine abstrakten Kodierungen vornehmen. Auch Angaben zu Ort, Zeit, Akteuren und Ereignisse können Sie in der jeweiligen eigenen Organisationssprache kodieren. Auch diese Methode hilft dabei, einen ersten Überblick über Ihre Daten zu bekommen.

Sobald Sie alle Daten zu einer bestimmten Handlung oder einem bestimmten Ereignis zusammengetragen haben, lohnt es sich, das Geschehene in einer „Vignette" zusammenzuschreiben. So können Sie die unterschiedlichen Perspektiven (z. B. von unterschiedlichen Akteuren) aus unterschiedlichen Daten (z. B. Interviews und eigene Beobachtungen) auf das Phänomen konsistent nachbereiten.

In der Studie von **Geiger, Danner-Schröder und Kremser (2021) zur Koordination von Routinen im Feuerwehreinsatz** erfolgte die eigentliche Datenanalyse in vier Schritten. Die Analyse startete damit, dass wir jeder einzelnen Handlung eines Akteurs zu einer bestimmten Zeit einen Zahlencode zugeordnet haben. Dieses Vorgehen erfolgte in Anlehnung an Pentlands (2003) Methode zur Darstellung sequenzieller Varianz. Dies haben die beiden Erstautoren zunächst getrennt voneinander durchgeführt, um in einem nächsten Schritt die Liste zu diskutieren und dann zu einer gemeinsamen Liste aller Handlungen zu kommen. Die finale Liste aller Handlungen beinhaltet 66 unterschiedliche Handlungsschritte und befindet sich im Online-Appendix des publizierten Artikels (Abbildung A1). Anschließend wollten wir in den einzelnen Handlungen Routinen identifizieren. Hier nutzten wir das Vorgehen von Kremser et al. (2019), welches besagt, dass zwei Handlungen zu einer Routine gehören, wenn sie relevanten und situationsspezifischen Kontext füreinander darstellen. Auf unseren Fall übertragen heißt das, dass die Handlungen „Suchen eines Hydranten" und „Vorbereiten der Wasserschläuche" einen relevanten und situationsspezifischen Kontext füreinander darstellen. Die Handlung „Fahren zum Einsatzort" jedoch stellt zu den beiden vorherigen Handlungen keinen relevanten und situationsspezifischen Kontext dar. Auch hier befindet sich die Gesamtübersicht aller identifizierten 15 Routinen und der entsprechenden Handlungen im Online-Appendix des publizierten Artikels (Tabelle A1). In der Print-Version des Artikels befindet sich eine Beispielroutine mit ihren zugehörigen Handlungen, siehe nachstehende Tabelle.

In der **Studie von Danner-Schröder und Müller-Seitz (2020)** wird die Datenanalyse im allerersten Zugriff in zwei grundlegenden Schritten verfolgt. Der erste Schritt umfasste den Aufbau einer Fallstudiendatenbank. In dieser wurden sämtliche Interviews, Notizen und sonstige Eindrücke sowie Sekundär- bzw. Archivdaten herangezogen und in fallbezogene Unterdatenbanken unterteilt. Konkret erfolgte dies entsprechend der jeweiligen Akteure (Bundesamt für Migration und Flüchtlinge, Deutsches Rotes Kreuz, Facebook-Gruppe Flüchtlingshilfe München etc.). Die betreffenden Geschehnisse wurden zudem chronologisch geordnet (siehe nachstehende Abbildung). Der zweite Schritt umfasste sodann die Beschreibung der jeweiligen Arten und Weisen, wie organisiert wurde – temporär versus permanent.

Routine	***Code***	***Action***
Fire extin-guishing	8	putting on respiratory device
	10	waiting
	13	collecting information
	14	walking around building
	15	preparing water hoses
	18	entering apartment/building
	19	looking for a fire hydrant
	21	reporting back to central command/asking question
	22	preparing turntable ladder
	23	talking about the situation within the team
	24	monitoring respiratory device
	25	walking away from scene to observe actions
	27	entering building with turntable ladder
	28	taking care of witnesses/calming down witnesses
	29	extinguishing fire with c-hose
	32	cording off area
	33	talking to other actors at scene (e.g., police)
	34	monitoring team
	35	questioning of bystanders/witnesses
	38	medical treatment of victims
	42	extinguishing fire with handheld extinguisher
	47	supporting team members
	57	explaining situation to the parties concerned

Tab. 5: Beispiele und Erläuterung für Codes.

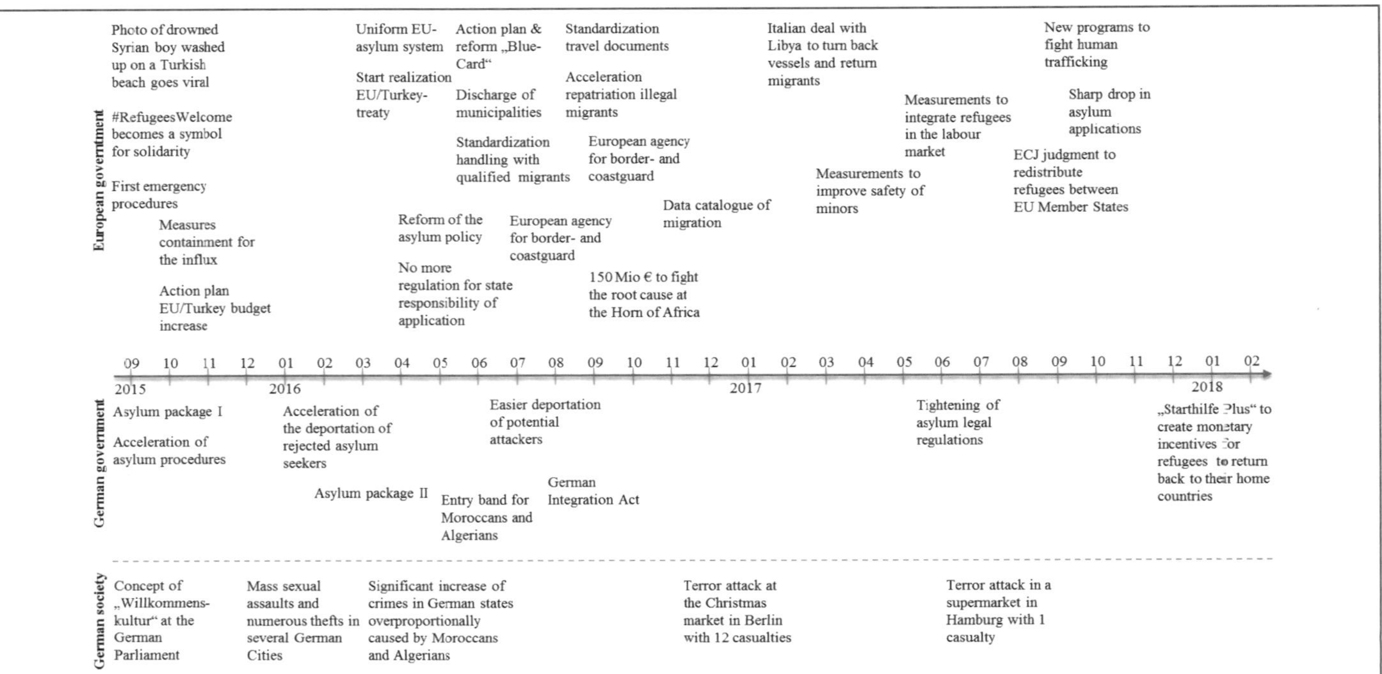

Abb. 4: Overview of decisions, actions and events on the European and German level.

Anregungen aus der Literatur

Anand und Watson (2004) beschreiben anschaulich, wie sie aus einer großen Anzahl an Artikeln und Interviewdaten relevante Informationen destilliert haben und diese Informationen anschließend im Zuge der Kodierung systematisch analysiert haben.

Übungsaufgaben

Aufgabe 1: Sammeln Sie Begriffe Ihres Themenfeldes der Abschlussarbeit, die Sie noch vergleichsweise unstrukturiert in die Mindmap eintragen. Es müssen zu diesem Zeitpunkt noch keine Beziehungen zwischen den Begriffen und späteren möglichen Kategorien existieren.

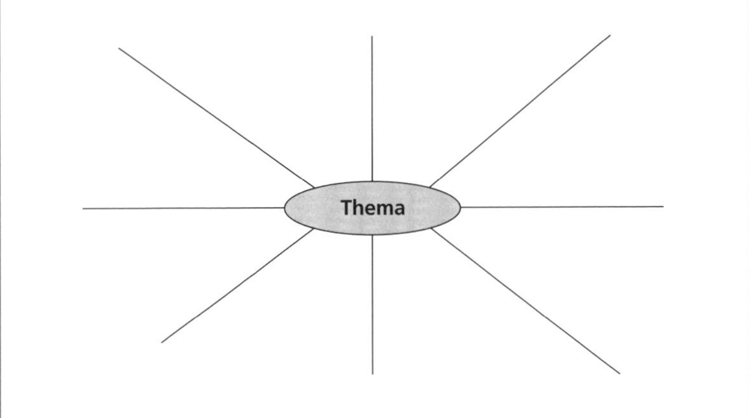

Aufgabe 2: Sortieren Sie Ihre Daten nach folgenden Kategorien:

- **Datenarten:**

- **Zeitliche Einteilung:**

- **Handlungen:**

- **Akteure:**

4.3 Daten kodieren und kategorisieren

Zu Beginn dieses Kapitels möchten wir zunächst darauf verweisen, dass die Datenanalyse in keinem Fall ein linearer Prozess ist. Im Gegenteil, es handelt sich hierbei um ein zirkuläres Vorgehen, bei dem man immer wieder zwischen den Daten und der Interpretation hin- und herspringt (siehe dazu auch Langley 1999 und Wrona 2006). Unabhängig von der eigentlichen Auswertung empfehlen wir Ihnen daher ganz generell, sich intensiv mit den Daten auseinanderzusetzen. Sie müssen immer wieder Ihre Daten durchgehen und diese verinnerlichen.

Um Ihre Daten zu kodieren, steht Ihnen grundsätzlich die Möglichkeit zur Verfügung, dies **händisch** durchzuführen (siehe dazu auch Danner-Schröder 2016) oder **mit Hilfe dafür vorgesehener Software**. Häufig eingesetzte **Softwareprogramme** sind die Folgenden:

- ATLAS.ti: Diese Software bietet eine unentgeltliche Testversion an, allerdings mit einigen Einschränkungen (http://www.atlasti.com/de).
- NVIVO: Diese Software stellt eine 14-tägige unentgeltliche Testversion zur Verfügung (http://www.qsrinternational.com).
- MAXQDA: Diese Software bietet eine 30-tägige unentgeltliche Testversion an (http://www.maxqda.de/demo).

Weitere Informationen zu diesem Thema finden Sie auch bei Easterby-Smith et al. (2008) und bei Silver und Lewins (2014). Grundsätzlich möchten wir noch den Hinweis anbringen, dass die verschiedenen Softwaren alle dabei helfen, Ihre Daten systematisch zu verwalten und zu kodieren, **jedoch nicht Ihre Interpretation übernehmen können**. Das heißt, die Software hilft mittels verschiedener Funktionen, Ihre Kodierungen übersichtlich zu gestalten und Kodierungen schnell wiederzufinden. Allerdings müssen Sie weiterhin selbst die Kodierungen vergeben. Diese Arbeit nimmt Ihnen niemand ab.

Als Nächstes stellen Sie sich jetzt wohl die Frage, was sich hinter dem Begriff Kodierungen genau verbirgt. Im Grunde genommen versuchen Sie, **gemeinsame Themen, Muster und Kategorien** in Ihren Daten zu finden. Sie sollten dabei auf **Ähnlichkeiten, Unterschiede und Verbindungen** in Ihren Daten achten. Wichtig ist, dass Sie Ihre Daten interpretieren und in einen Zusammenhang setzen. Für gewöhnlich bietet es sich an, dass Sie in drei Schritten kodieren (dies gilt nur als Faustregel und kann von Fall zu Fall abweichen):

Grundsätzlich gibt es für den **ersten Schritt** („First-order Codes") **zwei verschiedene Arten**, wie Sie Ihre Daten kodieren können:

1. **Induktiv**: Dabei haben Sie keine vorgegebenen Kodierungen und suchen „offen", welche Muster Sie in Ihren Daten finden. Ihre Kodierungen sind dabei noch sehr nahe an den Originaldaten.
2. **Deduktiv**: Bei dieser Art der Datenkodierung haben Sie zuvor Kodierungen aus der Theorie abgeleitet und versuchen nun, diese in Ihren Daten zu finden. Diese Variante bietet Ihnen mehr Struktur und ist nicht so offen wie das induktive Vorgehen.

Egal für welche Variante Sie sich entscheiden, ist es von zentraler Bedeutung, dass Sie immer wieder Ihre Daten und die Theorie miteinander abgleichen. Auch dies stellt keinen linearen Prozess dar, sondern ein iteratives Vorgehen.

Im **zweiten Schritt** („Second-order Codes") gilt es, nun die Kodierungen aus der ersten Kodierungsrunde zu gruppieren. Dabei sollten genauso wie im ersten Schritt die Kodierungen dem **MECE-Prinzip** entsprechen (s. ausführlich Müller-Seitz, Braun 2013, Kapitel 3.4; unter Rekurs auf Minto 2005). MECE ist ein aus dem Feld der Unternehmensberatung stammendes Akronym, das sich in folgende Teile untergliedern lässt:

- **ME für Mutually Exclusive** („wechselseitiges Ausschließen"): Kodierungen auf der gleichen analytischen Ebene müssen sich inhaltlich möglichst ausschließen. Beispielsweise könnte eine Aufzählung unterschiedlicher Organisationsformen eine Gliederungsoption auf einer inhaltlichen Ebene sein, etwa profitorientierte Unternehmungen, Nichtregierungsorganisationen und öffentliche Organisationen.
- **CE für Collectively Exhaustive** („gemeinsames Zusammenfassen"): Kodierungen auf der ersten oder einer übergeordneten Ebene müssen die kodierten Begriffe der zweiten oder darunterliegender Ebenen sprachlich bzw. inhaltlich umfassen bzw. inhaltlich abdecken. Organisationsformen wäre also ein möglicher Oberbegriff erster Ebene, unter dem sich auf zweiter Ebene profitorientierte Unter-

nehmungen, Nichtregierungsorganisationen und öffentliche Organisationen subsummieren ließen.

Der **dritte Schritt** sieht vor, **aggregierte Dimensionen** („aggregate dimension") zu bilden. Hier gilt es nachzuspüren, in welcher Beziehung die Kodierungen aus dem zweiten Schritt zueinander stehen.

Die Analyse für die Studie von **Geiger, Danner-Schröder und Kremser (2021)** begann mit einem **induktiven, offenen Vorgehen**. Bei dieser offenen Herangehensweise findet man oft **unerwartete Muster**. So wurde den Autoren in diesem Prozess bewusst, dass die Grenzen zwischen den Routinen einen zentralen Stellenwert haben. So ergaben sich im Kodierschema schlussendlich zwei Cluster, die Grenzen zwischen Routinen unterschiedlich beleuchten (siehe nachfolgende Abbildung).

Im Zuge der Kategorisierung bei der **Studie von Danner-Schröder und Müller-Seitz (2020) zum Umgang mit der Flüchtlingssituation** zeigte es sich deutlich, wie bedeutsam es ist, dass Sie **im Rahmen der Datenanalyse stets für Unerwartetes offen sein** sollten und auch zunächst vermeintlich nicht passende Beobachtungen nicht sofort ausschließen. Während zunächst davon ausgegangen wurde, dass permanentes und temporäres Organisieren zwei sich gegenseitig ausschließende Kategorien sind, so zeigte sich im Zeitablauf, dass es sich eher um ein Kontinuum handelt, und beide Formen aufeinander angewiesen sind. Diese Beobachtung wurde zunächst nur als Randnotiz festgehalten. Im Laufe der Analyse erhärtete sich jedoch diese Erkenntnis und fand so auch Eingang in den Beitrag.

Im Rahmen der Datenanalyse wurde zudem versucht, die „Rohdaten" logisch zu untergliedern. Im ersten Schritt lasen beide Autoren alle Interviews, Netnographie-Daten und Sekundär-/Archivdaten. Anschließend wurden die Daten grundlegend erörtert und gemeinsam interpretiert. So wurde versucht, erste Muster mit Blick auf temporäres versus permanentes Organisieren zu identifizieren. In einem zweiten Schritt wurden erste In-vivo-Kategorisierungen vorgenommen (z. B. anhand besonders prägnanter Zitate oder relevanter Umstände wie der „Königsteiner Schlüssel" zur Verteilung der Flüchtlinge zwischen den Bundesländern). Darauf aufbauend wurden die Daten hierarchisch entsprechend des MECE-Prinzips kodiert (Müller-Seitz, Braun 2013 unter Rekurs auf Minto 2005).

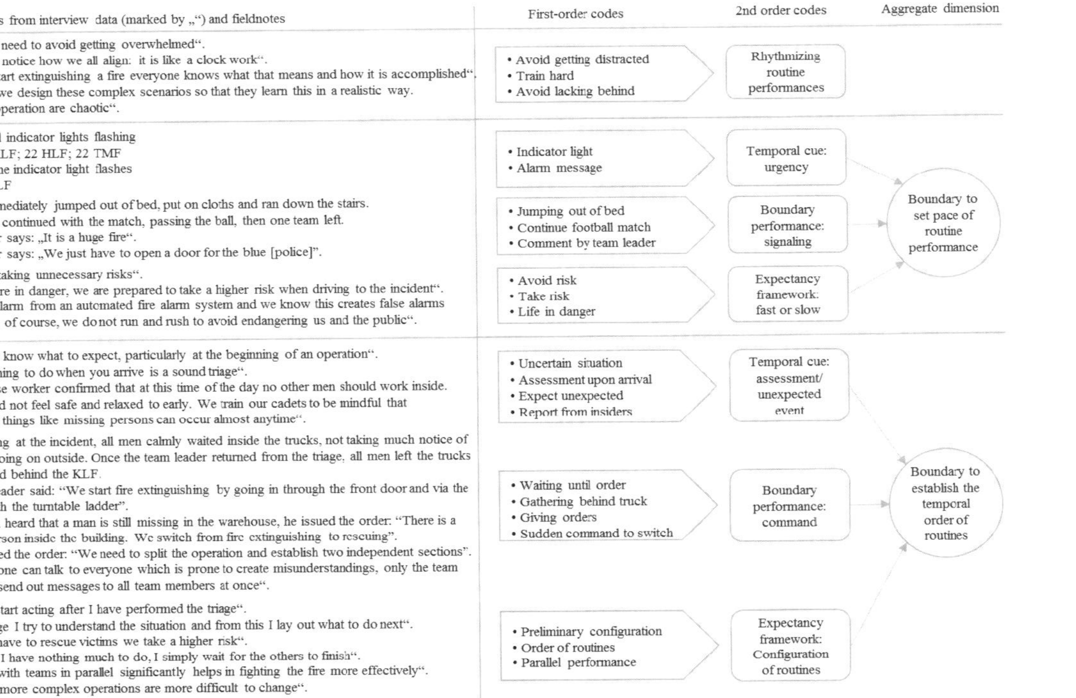

Data examples from interview data (marked by „“) and fieldnotes	First-order codes	2nd order codes	Aggregate dimension
• „At first we need to avoid getting overwhelmed“. • „You might notice how we all align: it is like a clock work“. • „Once we start extinguishing a fire everyone knows what that means and how it is accomplished“. • „Therefore we design these complex scenarios so that they learn this in a realistic way. Otherwise operation are chaotic“.	• Avoid getting distracted • Train hard • Avoid lacking behind	Rhythmizing routine performances	
• 4:28 am: All indicator lights flashing FEU2; 22 KLF; 22 HLF; 22 TMF • 3:24 pm: One indicator light flashes THX, 22 HLF	• Indicator light • Alarm message	Temporal cue: urgency	Boundary to set pace of routine performance
• All men immediately jumped out of bed, put on cloths and ran down the stairs. • Firefighters continued with the match, passing the ball, then one team left. • Team leader says: „It is a huge fire“. • Team leader says: „We just have to open a door for the blue [police]“.	• Jumping out of bed • Continue football match • Comment by team leader	Boundary performance: signaling	
• „We avoid taking unnecessary risks“. • „If people are in danger, we are prepared to take a higher risk when driving to the incident“. • „If it is an alarm from an automated fire alarm system and we know this creates false alarms all the time, of course, we do not run and rush to avoid endangering us and the public“.	• Avoid risk • Take risk • Life in danger	Expectancy framework: fast or slow	
• „You never know what to expect, particularly at the beginning of an operation“. • „The first thing to do when you arrive is a sound triage“. • A warehouse worker confirmed that at this time of the day no other men should work inside. • „You should not feel safe and relaxed to early. We train our cadets to be mindful that unexpected things like missing persons can occur almost anytime“.	• Uncertain situation • Assessment upon arrival • Expect unexpected • Report from insiders	Temporal cue: assessment/ unexpected event	Boundary to establish the temporal order of routines
• After arriving at the incident, all men calmly waited inside the trucks, not taking much notice of what was going on outside. Once the team leader returned from the triage, all men left the trucks and gathered behind the KLF. • The team leader said: “We start fire extinguishing by going in through the front door and via the balcony with the turntable ladder”. • When Sven heard that a man is still missing in the warehouse, he issued the order: “There is a missing person inside the building. We switch from fire extinguishing to rescuing”. • Stefan issued the order: “We need to split the operation and establish two independent sections”. • „Not everyone can talk to everyone which is prone to create misunderstandings, only the team leader can send out messages to all team members at once“.	• Waiting until order • Gathering behind truck • Giving orders • Sudden command to switch	Boundary performance: command	
• „We only start acting after I have performed the triage“. • „In the triage I try to understand the situation and from this I lay out what to do next“. • „Once we have to rescue victims we take a higher risk“. • „Currently I have nothing much to do, I simply wait for the others to finish“. • „Working with teams in parallel significantly helps in fighting the fire more effectively“. • „But these more complex operations are more difficult to change“.	• Preliminary configuration • Order of routines • Parallel performance	Expectancy framework: Configuration of routines	

Tab. 6: Exemplary Coding Scheme.

Die analysierten Sekundär- und Archivdaten wurden in dem Beitrag von Danner-Schröder und Müller-Seitz (2020) ebenfalls im Überblick präsentiert. Voranstehende Tabelle stammt ebenfalls aus der publizierten Fassung des Beitrags und gibt einen Überblick über analysierte und publizierte Daten.

Ways of organizing by micro-level institutions	
Fast, emergent responses	*"Because it is easier and less complicated. I can do it from my home, I can click with the mouse and I become a member. Nobody is standing in front of me, telling me what to do or not. I can get out of the structure very quickly. It is just totally uncomplicated, if I do not feel like doing anything, I just withdraw." (Th) G* *"The help via Facebook or social media is self-organized." (T) DG* *"So, there is no fixed task distribution, in my opinion, because I haven't been here that long. So what I have witnessed is rather flexible, and when all of us are working, and in the morning something needs to be done or ... Or someone asks whether you can accompany him to an apartment. And the one who has looked after him has no time, then for example I could accompany him because I have free time in the morning. That's what I mean by dynamic." (BK) 3*
Establishing structures, processes and rules	*"There was immediately a leader in the Facebook group; she was the founder of the group. A small leading group was established. Actually, it is quite good when somebody feels responsible for 'feeding' the Facebook group." (TH) F.* *Statement of code of conduct posted by Person A (August 30th 2015): "This site has the exclusive function of helping refugees. The intention of the site is not to become a political platform. Please refrain from making political statements. Please report political statements, these will be deleted immediately. Thank you." (TH) A* *"So, I am officially quasi "head" of the team. And I am responsible for the internal coordination of our team, task distribution and so on." (BK) 1* *"(Administrators) have the task of letting people in, and once they are in, of kicking people out and intervening in discussions if needed." (BK) 2*

Ways of organizing by macro-level institutions	
Slow, structured responses	*"When I was there the last time, there were about six social workers for all those people and the employees are simply completely overworked." (T) K* *"Germany is a bureaucracy-oriented country and that is oftentimes something very strange for refugees" (BA) SM* *"We have a 150 % perfected constitutional state with a myriad of laws, one legislature that is conceived to create new laws every day by jurisprudence, which judges all of the laws and takes decisions, which are considered by administration offices and ministries and secondary offices, which provide ongoing additional implementation rules, legislation decrees and guidances relating to these laws." LR, online-survey*
Emerging procedures to accelerate processes	*"For the last three years, since we've been assigned to the task, we actually have a permanently very tense situation. We do everything to accommodate the refugees who are assigned to us, week by week. It is very difficult to continue creating a reserve of housing. At the moment, this seems a little bit more relieved but that doesn't mean much. This can change significantly within one, two weeks." FK, online-survey* *"Homes are not built quickly, teachers are not hired that fast, that is the main problem, that one cannot create these structures so quickly, as fast as people arrive. That is, I think, the biggest problem for the municipalities, that they cannot establish school classes that fast. Creating living space or hiring teachers as a school." FK, online-survey*

Interplay of temporary and permanent ways of organizing	
	"I consider it very important, I believe that without this commitment it wouldn't work. I am very convinced of that. Everyone needs to participate at least partially. If you regard it politically – one million people who come to Germany within a single year. These are growth rates which probably appeared solely after the war and never again since then." BM, online-survey *"Additionally, we have many volunteers who accompany refugees, language courses, bicycle courses, all of which also exist in other communities. That is our strength, and especially the response was so immense, like in the summer, the fact that we were engaged with the citizens rather than with the refugees." FK, online-survey* *"Generally, I think it is a good thing when the DRK asks the group to support them. For example the DRK searched for volunteers to engage in childcare in the emergency shelter and they started a call within the Facebook group." (Th) A* *"Someone came up with a proposal to create a welcome festival for refugees. We talked about it in the comment field, so that everyone could read about it. We decided it was a good idea. But because of the compulsory registration in the town it would be difficult to create. That's why we contacted the 'Stadtmission' to help us. (KS) 3*
Boundary conditions	
Attention	*"I have time to help. You watch all this in the media and it motivates you to help." (Th) D* *"But also because of my curiosity. In Facebook I searched for 'Ingelheim' and I am in a Facebook group 'Seek and swap' in 'Ingelheim'. I just had a look at what was going on and I discovered the refugee group. That is how I found the group." (Th) C*

Need to act	*"I think this is due to the fact that 'Ingelheim' is really affected by the refugee crisis and also to the fact that there are two reception centers for refugees located in 'Ingelheim', obviously the group was seen as the first contact to get involved and volunteer." (Th) H* *"Voluntary commitment is increasing because those who want to help see that more help is needed. That is organized increasingly internally. That is a new experience of voluntary commitment, which is good, and without that many things, especially in relation to personal care and integration, could not function." BM, online-survey*
Modularity of tasks	*"There is just a difference between the admin role and 'normal' members. Like I said, nobody should think that he has to do something because he has to. And I, as the admin, see it as very necessary to be active for as much time as I can." (KS) 1* *"Well, as I wanted to create stable organizational structures, I divided the tasks in the group, such as keeping contact to other established organizations. Then I had to name responsible admins for tasks like the sorting of clothes, driving donations, building up contacts to other organizations, managing information material, creating documents, childcare for refugees, someone who makes calls to organizations, some who provide support for administrative procedures for refugees." (KS) 3*

Tab. 7: Entwicklung der Flüchtlingszahlen nach Deutschland im Zeitablauf.

Quelle: Danner-Schröder, Müller-Seitz (2020: 189f.).

Anregungen aus der Literatur

In diesem Zusammenhang möchten wir die aus unserer Sicht sehr gut nachvollziehbaren Studien von Jarzabkowski (2008) und Schüßler et al. (2014) ins Feld führen. In beiden Fällen werden die jeweiligen Datenanalysen detailliert und gut nachvollziehbar erörtert.

Übungsaufgaben

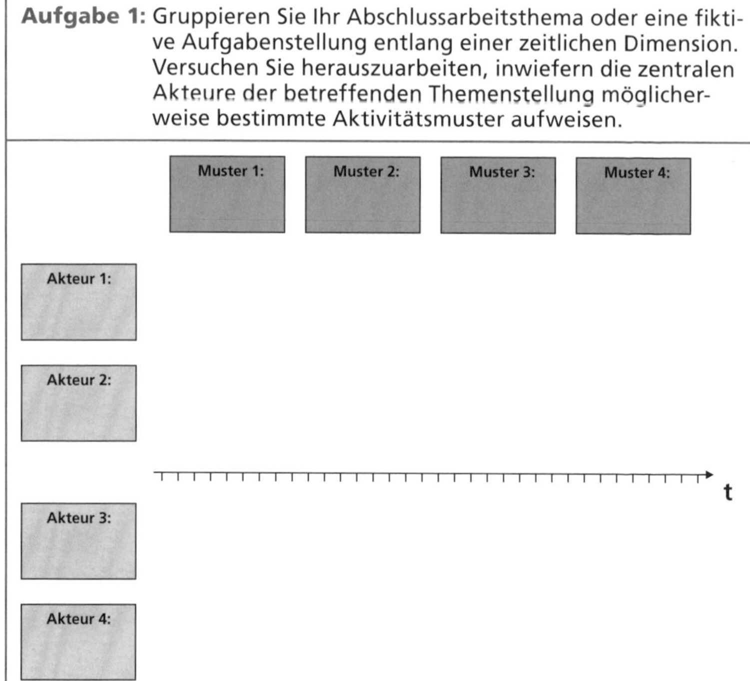

Aufgabe 1: Gruppieren Sie Ihr Abschlussarbeitsthema oder eine fiktive Aufgabenstellung entlang einer zeitlichen Dimension. Versuchen Sie herauszuarbeiten, inwiefern die zentralen Akteure der betreffenden Themenstellung möglicherweise bestimmte Aktivitätsmuster aufweisen.

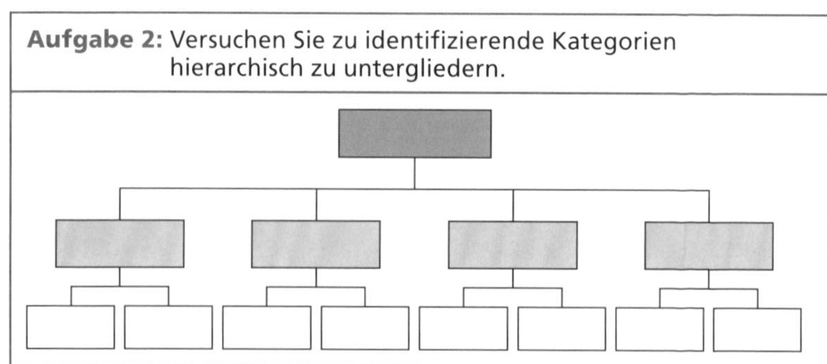

Aufgabe 2: Versuchen Sie zu identifizierende Kategorien hierarchisch zu untergliedern.

4.4 Weitere Herangehensweisen

Im gesamten Buch weisen wir Sie immer wieder auch auf weitere, vielleicht auch ungewöhnliche Herangehensweisen hin, um ihnen ein gesamtheitliches Bild aufzuzeigen. Daher möchten wir gerade bei der Datenauswertung darauf aufmerksam machen, dass die zuvor vorgestellten Methoden den Standard bilden, jedoch nicht der einzige Weg zu einem interessanten Beitrag sind. Gerade bei der **Analyse Ihrer Daten** können und sollen Sie auch **kreativ sein**. Wichtig ist hierbei, dass Sie sich intensiv mit Ihren Daten beschäftigen, immer und immer wieder Ihre Notizen durchgehen und nach Auffälligkeiten durchsuchen. Sobald Ihnen etwas ins Auge fällt, können Sie in der Auswertung kreativ sein. Beachten Sie dabei jedoch, dass Sie Ihr Vorgehen später einer dritten Person sinnvoll erklären können, das heißt im Rahmen einer Abschlussarbeit Ihrem Betreuer, oder wie in unserem Fall, einem externen Reviewer bzw. dem Leser. Daher sollten Sie sich auch zu Ihrem Auswertungsvorgehen umfangreiche Notizen machen.

Im Artikel von **Geiger, Danner-Schröder und Kremser (2021)** lässt sich ein solches Vorgehen aufzeigen. Den Autoren wurde im Laufe der Datenerhebung und -auswertung bewusst, dass zum Verstehen ihrer Daten eine Methode notwendig ist, die nicht nur ein Verständnis von Uhrzeit (clock time) oder Eventzeit (event time) zulässt, sondern beides miteinander verknüpft. Da es zu diesem Zeitpunkt eine solche Auswertungsmethode noch nicht gegeben hat, entwickelten die Autoren selbst eine Methode, welche im publizierten Artikel auch ein zentrales Element darstellt (255–257). Dazu wurden die Unterschiede der einzelnen Handlungen von verschiedenen Akteuren innerhalb eines Zeitintervalls gezählt, sowie die Unterschiede der Handlungen unabhängig von den einzelnen Akteuren zwischen zwei Zeitintervallen. Beispielhaft ist dies in folgender Tabelle aufgezeigt.

Minute	Routine	Code team leader	Code assistant	Code team attack 1	Code team support 1	Code team attack 2	Code team ladder (support 2)	Inter team actions/time interval*	Different actions/ across time intervals**
…	Triage	…	…	…	…	…	…		
8	Fire extinguishing	34	19	15	19	8	22	5	5
9		21	19	15	19	8	22	5	1
…	Search and Rescue	…	…	…	…	…	…		

* Different actions/time interval: Variance in actions between different sub-teams at time t (Inter team)

** Different actions/across time intervals: Variance in actions between time interval t and t+1 (Inter time)

Tab. 8: Example for counting different actions per time interval and across time intervals.

In einem nächsten Schritt wurden die beiden Zahlen nach folgender Formel zusammengerechnet:

$$\sum_{i=0}^{n}(xi+yi)$$

Dieses Vorgehen ermöglichte uns das Aufzeigen von Geschwindigkeit und Rhythmus. Um unsere Analyse grafisch ansprechend aufzubereiten, haben wir unsere Ergebnisse in einem Koordinatensystem aufgezeigt, in welchem die X-Achse die Uhrzeit repräsentiert und die Y-Achse die Eventzeit. Beispielhaft sei eine Abbildung aus dem publizierten Artikel nachfolgend aufgeführt.

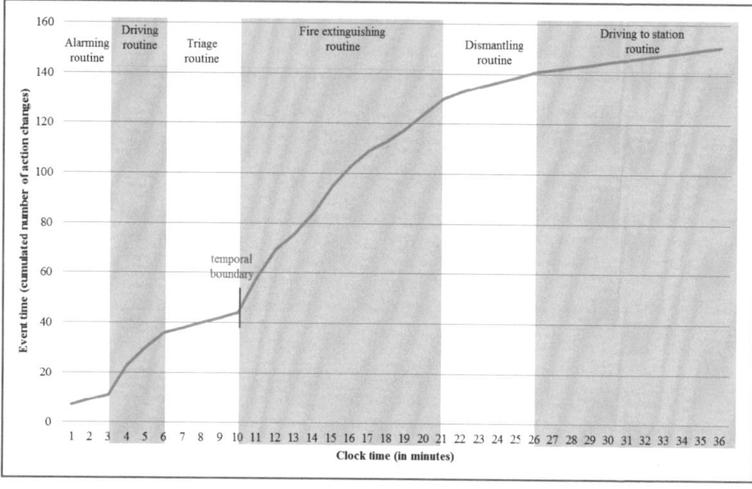

Abb. 5: Performance of temporal boundary to set the temporal order of routines under conditions of high temporal uncertainty (Triage, then Fire extinguishing).

Übungsaufgaben

Aufgabe 1: Liefern Sie stichpunktartig oder in aufbereiteter Form illustrative Belege für die in Ihrer Arbeit entwickelten theoretisch-konzeptionellen Kategorien.

Kategorien zweiter Ordnung	*Schilderung der zentralen Merkmale*	*Kategorien erster Ordnung*	*Datenquellen*	*Illustrative Belege*
Kategorie 2.1		Kategorie 1.1	Archiv-/Sekundärdaten	
			Teilnehmende Beobachtung	
			Interviewzitate	
		Kategorie 1.2	Archiv-/Sekundärdaten	
			Teilnehmende Beobachtung	
			Interviewzitate	
		Kategorie 1.3	Archiv-/Sekundärdaten	
			Teilnehmende Beobachtung	
			Interviewzitate	
Kategorie 2.2		Kategorie 1.4	Archiv-/Sekundärdaten	
			Teilnehmende Beobachtung	
			Interviewzitate	
		Kategorie 1.5	Archiv-/Sekundärdaten	
			Teilnehmende Beobachtung	
			Interviewzitate	
		Kategorie 1.6	Archiv-/Sekundärdaten	
			Teilnehmende Beobachtung	
			Interviewzitate	

5. Daten für Ergebnisdarstellungen aufbereiten

Ausgewählte Lernziele

Nach der Lektüre dieses Kapitels sind Sie in der Lage...

- ... Ihren Auswertungsprozess durch Tabellen und Abbildungen adäquat darzustellen,
- ... Ihre Ergebnisse auf unterschiedliche Arten durch Abbildungen zu unterstützen,
- ... über die Bedeutung von Abbildungen und Tabellen zu reflektieren,
- ...zu abstrahieren, welche Daten und Ergebnisse an welcher Stelle in Ihrer Abschlussarbeit aufzuzeigen sind.

5.1 Überblick

Nachdem die Daten nun ausgewertet sind, stellt sich die Frage, wie diese nun dem Leser vermittelt werden sollen. Vielleicht denken Sie sich, dass zum jetzigen Zeitpunkt die schwierigsten Aufgaben einer qualitativen Studie schon durchgeführt wurden, wie die Datensammlung und -auswertung. Es lässt sich allerdings festhalten, dass die Darstellung der Ergebnisse von ebenso großer Bedeutung wie die Auswertung und Kodierung der Daten ist. Denn wenn Ihre Betreuerin oder Ihr Betreuer nicht nachvollziehen kann, wie Sie Ihre Daten ausgewertet haben und zu welchen Ergebnissen Sie gekommen sind, dann sind auch die besten Ergebnisse geradezu wertlos. Daher ist es in einem ersten Schritt wichtig, den Auswertungsprozess nicht nur schriftlich zu dokumentieren, sondern auch mit entsprechenden Grafiken und Tabellen zu untermauern (5.2). Anschließend sollten Sie sich auch Gedanken darüber machen, wie Sie Ihre Ergebnisse ansprechend darstellen, z. B. durch Abbildungen (5.3).

5.2 Auswertungsprozess darstellen

Entgegen der gängigen Denkweise von vielen Studierenden gilt es nicht nur die Ergebnisse einer qualitativen Studie darzustellen, sondern auch den Auswertungsprozess selbst. Sie müssen auch an dieser Stelle bedenken, dass Sie Ihren Betreuer davon überzeugen müssen, wie Sie vorgegangen sind und dass dies ein plausibles Vorgehen war bzw. die Rückschlüsse nachvollziehbar sind. Es gibt unterschiedliche Methoden, wie Sie dies gestalten können. Der Übersicht halber sind Tabellen und Abbildungen aber immer zu empfehlen. Mögliche Varianten sind:

- **Interviews aufzeigen**: Häufig werden in Form einer Tabelle die Anzahl der Interviews, sowie z. B. Funktionen, Organisationsname oder andere Aspekte der Interviewten genannt. Dies dient der Übersichtlichkeit und ermöglicht dem Leser einen schnellen Zugang zu den gesammelten Daten.
- **Verschiedene Datenquellen darstellen**: Wenn nicht nur Interviews geführt wurden, dann gibt es auch die Möglichkeit, die verschiedenen Datenquellen in einer Tabelle oder einer Abbildung offenzulegen. Hier kann unter anderem aufgezeigt werden, wie die Daten in Bezug zueinander stehen.

- **Kodierungsschema offenlegen**: In diesem Fall zeigen Sie in einer Abbildung auf, wie Ihre Kodierungen auf der ersten Ebene zu Kodierungen auf der zweiten Ebene zusammengefasst werden und diese wiederum zu aggregierten Dimensionen. Häufig wird die Zugehörigkeit durch Pfeile grafisch verdeutlicht.
- **Daten aufzeigen**: Eine weitere Möglichkeit ist es, nicht nur das Kodierungsschema offenzulegen, sondern in einer Tabelle auch Daten aufzuzeigen. In diesem Fall zeigen Sie auch Ihre Kodierung, aber unterlegen jede Kodierung direkt mit Beispielen aus Ihren Daten, wie z. B. Interviewsequenzen oder Beobachtungsdaten.

Grundsätzlich gilt es Ihre Daten darzustellen und nicht nur in eigenen Worten wiederzugeben. Sie müssen bedenken, dass Sie einen **Betreuer von Ihren Ergebnissen überzeugen** müssen. Wenn Sie Ihre Daten jetzt nur erzählen, ohne diese explizit offenzulegen, ist es Ihrem Betreuer überlassen, ob er Ihren Argumentationsstrang für glaubwürdig hält. Unterstreichen Sie Ihre Argumentationslinie daher mit Daten. Denn dann ist es für Dritte viel leichter nachzuvollziehen und überzeugender, Ihren Gedankengängen zu folgen. Daher empfehlen wir Ihnen, sogenannte „**Power Quotes**" im Fließtext zu nutzen. Power Quotes können Zitate sein, seltener auch Beobachtungsnotizen, die Ihr Argument eindeutig widerspiegeln und dabei oftmals plakativ und drastisch wiedergeben. In die oben angesprochene Tabelle sollten Sie dann Daten einfügen, die Sie nicht im Text als Power Quotes verwendet haben. Als Faustregel gilt: Daten, die Ihr Argument eindeutig aufzeigen, werden im Fließtext offengelegt, weitere Daten werden dann ein in einer Tabelle dargestellt. Identische Zitate in den Tabellen des Methodikteils sowie bei den Ergebnissen sind also zu vermeiden.

In der Studie von **Geiger, Danner-Schröder und Kremser (2021)** wurden zunächst alle gesammelten Daten in einer Tabelle aufgeführt, um dem Leser einen Gesamtüberblick zu vermitteln (siehe nachstehende Tabelle).

Data types		
Interviews		
	Formal and Informal	54 Interviews 6 coaches, 10 team leader, 28 'normal' firefighters, 10 firefighting trainees Each interview lasted between 20 to 180 minutes
	Reflections	37 Past event reflection interviews with team leaders Each reflection lasted between 15 to 60 minutes
Observations		
	Trainings	10 training days Each training lasted between 4 to 6 hours Each training included between 2 to 6 simulated scenarios 50 hours of observations
	Real Deployments	12 complete 24 h shifts 2 fire stations; each author was present at one station 37 real deployments 288 hours of observations
Documents		
	Guidelines	283 pages
	Presentations	6 presentations (training material)
	Newspaper articles	10 articles (particular interviews with firefighters: head of Hamburg firefighters, union representative)

Tab. 9: Overview of data collected.

Weiterhin wurden, wie oben aufgezeigt, Tabellen und Abbildungen erstellt, die den Auswertungsprozess darstellen (siehe Tabelle 9, Abbildung 6). Des Weiteren wurden auch die Ergebnisse in anschaulichen Diagrammen im Ergebnisteil aufgezeigt. Um auch hier möglichst viel Transparenz herzustellen und die Datengrundlage zu präsentieren, haben sich die Autoren für einen Online-Appendix entschieden. Dort befinden sich 8 Tabellen, die ebendiese Datengrundlage zur Erstellung der Grafiken aufzeigen. Dies soll anderen Wissenschaftlern auch ermöglichen, diese Methode ebenfalls anzuwenden.

Im Online-Appendix befinden sich zudem, wie bereits oben erwähnt, die Liste aller 66 Handlungen, sowie die 15 Routinen, denen eben diese Handlungen zugewiesen wurden. Diese ausführliche Darstellung wäre innerhalb des Print-Artikels nicht möglich gewesen, daher stellen immer mehr Fachzeitschriften Online-Appendixe zur Verfügung. In unserem Fall besteht dieser aus 15 zusätzlichen Seiten, einer recht umfangreichen Darbietung von Zusatzmaterial. Zudem lässt sich im Appendix noch eine Tabelle finden, die weiterführende Datenbeispiele aufzeigt, die ebenfalls nicht in der Printversion sind.

Abschließend wurde im Diskussionsteil noch dargestellt, wie sich unterschiedliche Geschwindigkeiten und Rhythmen in Grafiken darstellen lassen (siehe Abbildung anbei).

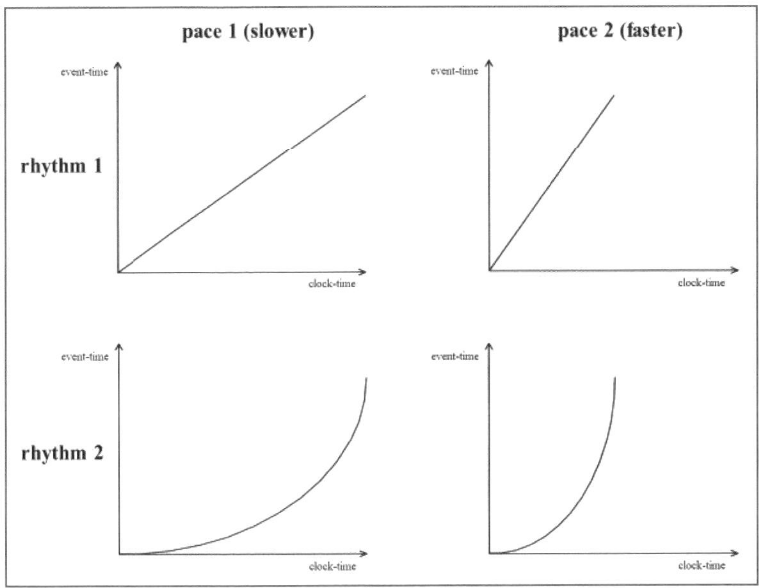

Abb. 6: Geschwindigkeit und Rhythmus von Routinen.

In der **Studie zum Umgang mit der Flüchtlingssituation** (Danner-Schröder, Müller-Seitz 2020) werden die Interviews insofern zielgerichtet für den betreffenden Beitrag aufbereitet, als hier die Orte (München, Ingelheim und Düsseldorf), in denen die Interviewten tätig waren, aufgelistet werden. Dies liefert der Leserschaft einen ersten Eindruck von den grundlegenden empirischen Feldern, die adressiert wurden. Zudem erfolgt ein Verweis auf die beiden Studien, in denen ebenfalls Interviews geführt wurden und auf die die Studie ebenfalls zurückgreift (vgl. Tabelle 4). Eine weitere Aufschlüsselung erschien für den vorliegenden Fall nicht notwendig, da das (temporäre und permanente) Organisieren im Vordergrund stand.

Anregungen aus der Literatur

An dieser Stelle möchten wir Sie auf den Artikel von Mirc und Kollegen (2023) aufmerksam machen. Zum einen legen die Autoren in dem Artikel den Auswertungsprozess sehr transparent dar, z. B. in Form von Analyseschritten und einem detaillierten Zeitstrahl des Fallgeschehens. Zum anderen werden die unterschiedlichen Routinen und deren Entwicklung im Ergebnisteil aufgezeigt. Darauf aufbauend wird graphisch dargestellt, wie die unterschiedlichen Routinen zusammenhängen und dadurch entweder Veränderung oder Stabilität entsteht. Darüber hinaus werden im Fließtext viele Daten im Original anschaulich aufgezeigt.

Übungsaufgaben

Aufgabe 1: Erstellen Sie eine Tabelle, in der Sie die zentralen Akteure zielgerichtet vor dem Hintergrund der für Ihre Studie relevanten Charakteristika auflisten (z. B. mit Blick auf deren Position, Organisationszugehörigkeit oder Berufserfahrung insgesamt).

Organisationstypus	*Funktion / Position*	*Anzahl an Interviews*
Summe		

5.3 Ergebnisse durch Abbildungen unterstützen

Im Gegensatz zu der reinen Abbildung des Auswertungsprozesses, der aufzeigen soll, wie Sie vorgegangen sind, geht es bei der Darstellung Ihrer Ergebnisse in der Regel um das **Aufzeigen komplexer Zusammenhänge**. Daher lässt sich auch hier nicht – ebenso wenig in anderen Kapiteln dieses Buches – definieren, wie Sie vorzugehen haben. Wichtig ist uns an dieser Stelle aber der Hinweis, dass gerade Abbildungen, die Ihre Ergebnisse aufzeigen, von großer Bedeutung sind. Ebenfalls sei der Hinweis erlaubt, dass solche Darstellungen immer **erklärungsbedürftig** sind, das heißt im Text aufgegriffen und mit eigenen Worten erklärt werden müssen. Des Weiteren sollen Sie an dieser Stelle **Ihre Ergebnisse abstrakt darstellen**. Sie sollen nun nicht mehr nur Ihren spezifischen Fall erklären, sondern Ihre Ergebnisse so präsentieren, dass sie **im Idealfall argumentativ auf andere Situationen und Kontexte übertragbar** sind. An dieser Stelle im Bearbeitungsprozess Ihrer Studie sind Kreativität und eine Menge Denkarbeit gefordert. Es gilt nun, die Aspekte und Elemente, die Sie in Ihrer Studie identifiziert haben, in einen **Zusammenhang** zu setzen. Oftmals gibt es in solchen Abbildungen Kästen und Pfeile, mit denen versucht wird, einen Prozess zu erklären oder darzustellen, welchen **Einfluss** bestimmte Aspekte auf andere Elemente haben.

In der Fallstudie von **Danner-Schröder und Müller-Seitz (2020) zum Umgang mit der Flüchtlingssituation** wird in der Abbildung im Ergebnisteil (S. 201) aufgezeigt, wie sich die Spannungen zwischen temporärem und permanentem Organisieren verallgemeinern lassen. Es wird dort losgelöst von dem konkreten Fall der Flüchtlingssituation in Deutschland gemutmaßt, dass einerseits Makro-Akteure (z. B. öffentliche Institutionen) über längere Reaktionszeiten verfügen und so temporäre Rückstände bzw. Lücken entstehen („temporal lags"). Diese Lücken werden durch die Mikro-Akteure (z. B. Facebook-Gruppen) durch ihre schnellere Reaktionsfähigkeit geschlossen. Es wird dabei auch konstatiert, dass eine wechselseitige Abhängigkeit zwischen den Akteuren der Makro- und Mikroebenen besteht, da beide Akteursgruppen nicht ohne die andere Ebene/Akteursgruppe die Flüchtlingssituation angemessen bewältigen könnten.

	Deliberate temporary organizations	***Emergent temporary organizations***
Task	• Ex-ante agreed-upon task objectives • Predefined task assignments / roles	• Nascent, fuzzy and changing tasks • Flexible task assignments / roles
Structure	• Temporal structure: – temporary task, – temporary allocation of resources • Temporary structures in more permanent systems: hybrids • Boundaries at least roughly defined	• No pre-existing structure – fuzzy tasks – bricolage-like assembling of resources • No embedding in more permanent systems • Boundaries fuzzy
Agency	• At least temporary or part-time employment, entailing – membership and – remuneration • Independent contractors	• Fleeting participation • No employment / contracting • No remuneration
Time frame	• Pre-determined time frame with a fixed termination date	• No pre-determined time frame (though oftentimes ephemeral in nature)

Tab. 10: Archetypische Unterscheidung zwischen absichtlichem und emergentem temporärem Organisieren.

Quelle: Danner-Schröder, Müller-Seitz (2020: 202).

Sodann wurde der Versuch von Danner-Schröder und Müller-Seitz unternommen, eine archetypische Unterscheidung zwischen absichtlichen und emergenten Formen temporären Organisierens vorzunehmen. Voranstehende Tabelle illustriert den Kontrast.

Anregungen aus der Literatur

Die Monografie von Miles et al. (2014) bietet eine äußerst ausführliche Darstellung möglicher Formen der Ergebnisdarstellung. Daher empfehlen wir dieses Buch ausdrücklich in Bezug auf diese Thematik.

Übungsaufgaben

Aufgabe 1: Stellen Sie die Teilaspekte Ihrer Ergebnisse in einer Abbildung dar und visualisieren die Beziehungen zwischen den Elementen.

6. Fazit

Zielsetzung dieser anwendungsorientierten Auseinandersetzung mit qualitativen Methoden in der Organisations- und Managementforschung war es, Sie für die grundlegenden Merkmale, Besonderheiten, Stärken und auch gleichsam Schwächen dieser Methoden zu sensibilisieren. Wichtig war es uns, dass Sie dabei auch die unterschiedlichen Facetten generell bzw. anhand der illustrativen Beispiele nachvollziehen können.

Wichtig hervorzuheben bleibt abschließend auch noch, dass Sie stets die Empirie nicht als Selbstzweck begreifen. Es gilt dabei jedoch stets zu berücksichtigen, dass Sie die Empirie im Einklang mit den theoretisch-konzeptionellen anderen Passagen der Abschlussarbeit in Einklang bringen müssen. Dennoch sollten Sie sich bewusst sein, dass die empirische Ausarbeitung häufig das „Herzstück" Ihrer Abschlussarbeit darstellt und gleichsam am meisten – um bei der Metapher des Herzens zu bleiben – „Herzblut" in diesen Teil der Arbeit hineingeflossen sein dürfte.

Reflektieren Sie in diesem Zusammenhang beispielsweise, dass bzw. wie Theorie und Empirie miteinander zu vereinen sind. Dies gilt es insbesondere im Fall von unterschiedlichen theoretischen Strömungen zu berücksichtigen, die Sie möglicherweise im Rahmen Ihrer Arbeit miteinander in Verbindung setzen. Umso schwieriger ist es dann, diese Ziele auch hinsichtlich der Empirie umzusetzen. Achten Sie insofern darauf, dass die jeweiligen Ansätze miteinander verbunden werden können (s. hierzu ausführlich Kuhn 1962 mit Blick auf wissenschaftliche Diskurse bzw. genauer Paradigmen).

In jedem Fall hoffen wir, dass Sie durch diesen Leitfaden erfolgreich die Bearbeitung der Empirie meistern können. Viel Erfolg!

Literatur

Anand, N., Watson, M.R. 2004. Tournament Rituals in the Evolution of Fields: The Case of the Grammy Awards. Academy of Management Journal, 47(1): 59–80.

Cappellaro, G., Compagni A., & Vaara, E. 2021. Maintaining strategic ambiguity for protection: Struggles over opacity, equivocality and absurdity around the Sicilian Mafia. Academy of Management Journal, 64(1): 1–37.

Christianson, M. K. 2018. Mapping the terrain: The use of video-based research in top-tier organizational journals. Organizational Research Methods, 21(2): 261–287.

Corsten, H., Gössinger, R., Müller-Seitz, G., Schneider, H. 2016. Grundlagen des Technologie- und Innovationsmanagement. 2. Aufl. Vahlen: München.

D'Adderio, L. 2014. The replication dilemma unravelled: How organizations enact multiple goals in routine transfer. Organization Science, 25(5): 1325–1350.

Danner-Schröder, A. 2016. Routine dynamics and routine interruptions: How to create and recreate recognizability patterns. Managementforschung, 26(1): 63–96.

Danner-Schröder, A., Geiger, D. 2016. Unravelling the motor of patterning work: Toward an understanding of the microlevel-dynamics of standardization and flexibility. Organization Science, 27(3): 633–658.

Danner-Schröder, A., Müller-Seitz, G. 2020. Temporal Co-Dependence between Temporary and Permanent Organizing: Tackling Grand Challenges in the Case of the Refugee Crisis in Germany. Research in the Sociology of Organizations, 67: 179–208.

Danner-Schröder, A., Ostermann, S. 2022. Towards a processual understanding of task complexity: Constructing task complexity in practice. Organization Studies, 43(3): 437–463.

Dittrich, K., Seidl, D. 2018. Emerging intentionality in routine dynamics: A pragmatist view. Academy of Management Journal, 61(1): 111–138.

Dobusch. L., Dobusch, L., Müller-Seitz, G. 2019. Closing for the benefit of openness? The case of Wikimedia's open strategy process. Organization Studies, 40: 343–370.

Easterby-Smith, M., Thorpe, R., Jackson, P.R. 2008. Management Research. 3. Aufl. Sage: London.

Feldman, M.S., Worline, M., Baker, N., Lowerson Bredow, V. 2022. Continuity as patterning: A process perspective on continuity. Strategic Organization, 20(1): 80–109.

Flick, U. 2007. Qualitative Sozialforschung. Eine Einführung. 7. Aufl. Rowohlt: Reinbek.

Foucault, M. 1971. Die Ordnung der Dinge. Eine Archäologie der Humanwissenschaften. Suhrkamp: Frankfurt a. M.

Gebhardt, C., Müller-Seitz, G. 2011. Phönix aus der Asche. Eine ereignisorientierte Betrachtung des Siemens-Korruptionsskandals als Nexus zwischen Organisation und Umwelt. In: P. Conrad, J. Sydow (Hrsg.), Organisation und Umwelt. Managementforschung: Band 21, Wiesbaden: Gabler: 41–90.

Geiger, D., Danner-Schröder, A., Kremser, W. 2021. Getting ahead of time – Performing temporal boundaries to coordinate routines under temporal uncertainty. Administrative Science Quarterly, 66(1): 220–264.

Goh, K.T., Pentland, B.T. 2019. From actions to paths to patterning: Toward a dynamic theory of patterning in routines. Academy of Management Journal, 62(6): 1901–1929.

Gibbert, M., Ruigrok, W., Wicki, B. 2008. What passes as a rigorous case study?. Strategic Management Journal, 29(13): 1465–1474.

Helfferich, C. 2010. Die Qualität qualitativer Daten. Manual für die Durchführung qualitativer Interviews. 4. Aufl. Wiesbaden: Verlag für Sozialwissenschaften.

Jarzabkowski, P. 2008. Shaping Strategy as a Structuration Process. Academy of Management Journal, 51(4): 621–650.

Knoblauch, H., Schnettler, B., Raab, J., Soeffner, H.-G. 2012 (Hrsg.). Video Analysis: Methodology and Methods: Qualitative Audiovisual Data Analysis in Sociology. 3. Aufl. Frankfurt a. M.: Lang.

Kozinets, R.V. 2002. The Field Behind the Screen: Using Netnography for Marketing Research in Online Communities. Journal of Marketing Research, 39: 61–72.

Kremser, W., Pentland, B.T., Brunswicker, S. 2019. Interdependence within and between routines: A performative perspective. Research in the Sociology of Organizations, 61, 79–98.

Kuhn, T.S. 1962. The Structure of Scientific Revolutions. Chicago: Chicago University Press.

Langley, A. 1999. Strategies for Theorizing from Process Data. Academy of Management Review, 24(4): 691–710.

LeBaron, C., Christianson, M.K., Garrett, L., Ilan, R. 2016. Coordinating flexible performance during everyday work: An ethnomethodological study of handoff routines. Organization Science, 27(3): 514–534.

LeBaron, C., Jarzabkowski, P., Pratt, M.G., Fetzer, G. 2018. An introduction to video methods in organizational research. Organizational Research Methods, 21(2): 239–260.

Mengis, J., Nicolini, D., Gorli, M. 2018. The Video Production of Space: How Different Recording Practices Matter. Organizational Research Methods, 21(2): 288–315.

Michel, A. 2007. A Distributed Cognition Perspective on Newcomers' Change Processes: The Management of Cognitive Uncertainty in Two Investment Banks. Administrative Science Quarterly, 52(4): 507–557.

Michel , A. 2012. Transcending socialization: A nine-year ethnography of the body's role in organizational control and knowledge workers' transformation. Administrative Science Quarterly, 56(3): 325–368.

Michel, A. 2022. Embodying the market: The emergence of the body entrepreneur. Administrative Science Quarterly, 68(1): 44–96.

Miles, M.B., Huberman, A.M., Saldaña, J. 2014. Qualitative Data Analysis. A Methods Sourcebook. 3. Aufl. Thousand Oaks: Sage.

Minto, B. 2005. Das Prinzip der Pyramide: Ideen klar, verständlich und erfolgreich kommunizieren. München: Wiley.

Mirc, N., Sele, K., Rouzies, A., Angwin, D.N. 2023. From fit to fitting: A routine dynamics perspective on M&A synergy realization. Organization Studies, online: 1–26.

Müller-Seitz, G. 2014. Practising uncertainty in the case of large-scale disease outbreaks. Journal of Management Inquiry, 23(3): 276–293.

Müller-Seitz, G., Braun, T. 2013. Wissenschaftliche Abschlussarbeiten in der Betriebswirtschaftslehre erfolgreich abfassen. München: Pearson.

Pentland, B.T. 2003. Sequential variety in work processes. Organization Science, 14(5), 528–540.

Patton, M.Q. 1990. Qualitative evaluation and research methods. Newbury Park: Sage.

Pettigrew, A.M. 1990. Longitudinal Field Research on Change: Theory and Practice. Organization Science, 1(3): 267–292.

Pink, S. 2001. Doing visual ethnography: Images, media and representation in research. London: Sage.

Schüßler, E., Rüling, C.-C., Wittneben, B. 2014. On Melting Summits: The Limitations of Field-Configuring Events as Catalysts of Change in Transnational Climate Policy. Academy of Management Journal, 57: 140–171.

Silver, C., Lewins, A. 2014. Using Software in Qualitative Research – A Step-by-Step Guide. Sage: Los Angeles.

Silverman, D. 2016. Qualitative Research. 4. Aufl. Sage: London.

Sonenshein, S. 2016. Routines and creativity: From dualism to duality. Organization Science, 27(3): 739–758.

Sydow, J., Müller-Seitz, G. im Druck. Open innovation at the interorganizational network level – Stretching practices to face technological discontinuities in the semiconductor industry. Techno-logical Forecasting and Social Change 155, https://doi.org/10.1016/j.techfore.2018.07.036

Wenzel, M. 2016. Typenbasierte Integration von Markengemeinschaften. Ansätze eines strategischen Community Marketing. Springer VS: Wiesbaden.

Wenzel, M., Koch, J. 2018. Strategy as staged performance: A critical discursive perspective on keynote speeches as a genre of strategic communication. Strategic Management Journal, 39(2): 361–378.

Wrona, T. 2006. Fortschritts- und Gütekriterien im Rahmen qualitativer Sozialforschung. In: S. Zelewski (Hrsg.), Fortschritt in den Wirtschaftswissenschaften. Wissenschaftstheoretische Grundlagen und exemplarische Anwendung, Wiesbaden: Gabler: 189–216.

Yin, R.K. 2017. Case Study Research: Design and Methods. 6. Aufl. Sage: Thousand Oaks.

Glossar

Artefakt: Alle materiellen Aspekte in einer Organisation. Artefakte können unterschiedliche Formen annehmen und reichen von schriftlich festgehaltenen Regeln bis hin zu Geräten wie Computern.

Beweiskette: Zusammenhang zwischen den theoretisch-konzeptionellen Überlegungen zu Beginn der Studie mit den Forschungsleitfragen, der Datenerhebung und -analyse sowie der Ergebnisaufbereitung.

Bewusste Fallauswahl: Absichtsvolle Fallauswahl (vgl. Fallauswahl).

Deduktion: Logischer Rückschluss vom Allgemeinen auf das Besondere/Spezielle.

Eisbrecherfragen: Fragen zum Einstieg, die das Gegenüber leicht beantworten kann und dadurch ermuntert wird, in eine Konversation zu treten. Diese Fragen werden gerne zu Beginn eines Interviews genutzt.

Ethnografie: Diese Methode kommt ursprünglich aus der Völkerkunde, um Merkmale verschiedener Völker sowie Kulturen zu untersuchen. In der Management- und Organisationsforschung wird dabei versucht durch Beobachtung das Arbeitsleben aus der Sichtweise der betreffenden Organisationsmitglieder zu verstehen.

Experteninterview: Interviews werden ausschließlich mit Experten aus einem bestimmten Themengebiet geführt.

Externe Validität: Verallgemeinerung wissenschaftlicher Aussagen auf andere Situationen und Kontexte.

Fallstudiendatenbank: Systematische Dokumentation der untersuchten Fälle.

Felduntersuchung: Untersuchung, die im natürlichen Umfeld (z. B. einer Person) stattfindet.

Feldzugang: Aufbau von Kontakten zu Interviewpartnern (Erstkontakt), die im Idealfall belastbar, gut vernetzt und einflussreich sind.

Forschungsleitfrage: Leitet sich unmittelbar aus der Forschungslücke (vgl. Forschungslücke) ab und ist offen formuliert. Sie adressiert den Untersuchungskontext, ist aber gleichzeitig von diesem abstrahierend. In qualitativen Studien wird üblicherweise nach dem „Wie" und „Warum" gefragt.

Forschungslücke: Aspekte, die in der bisherigen Forschung noch nicht berücksichtigt wurden und bei der Durchsicht der relevanten Literatur erkannt werden.

Gatekeeper: Personen in einer Organisation, die Informationsweitergabe und andere Aktivitäten maßgeblich befördern oder behindern können, etwa im Falle von Sekretärinnen das Weiterleiten oder „Abblocken" von eingehenden Anrufen.

Gütekriterien: Um die Qualität der eigenen Erhebung zu erhöhen, gibt es eine Reihe von Kriterien, die es zu beachten gilt (Konstruktvalidität, Reliabilität, interne Validität, externe Validität).

Halbstrukturiertes Interview: Interview, bei dem mittels halbstrukturierter Interviewleitfäden (vgl. Interviewleitfaden) spezifische Themen und Fragen vorab definiert werden.

Induktion: Rückschluss vom Besonderen/Speziellen auf das Allgemeine.

Interne Validität: Gültigkeit der kausalen Beziehung von Variablen und Ergebnis innerhalb einer Untersuchung.

Interviewleitfaden: Dient der grundsätzlichen Strukturierung eines Interviews und wird im Vorfeld eines Interviews konzipiert.

Kalte Kontaktaufnahme: Möglichkeit, sich einen Feldzugang (vgl. Feldzugang) zu erschließen, wenn im Vorfeld noch keine Kontakte bestehen.

Kodierung: Zuweisung von Kategorien bei der Suche nach gemeinsamen Themen bzw. Mustern in den zu analysierenden Daten.

Kodierungsschema: Zeigt auf, wie Kodierungen auf der ersten und zweiten Ebene zusammenhängen.

Konstruktvalidität: Die richtige Messung der Realität.

Netnographie: Zusammengesetztes Wort aus den Termini Internet und Ethnographie, was sich zumeist in einer teilnehmenden oder verdeckten Beobachtung von zwischenmenschlichen Interaktionen im Internet manifestiert.

Power Quotes: Zitate oder seltener auch Beobachtungsnotizen, die Ihr Argument eindeutig widerspiegeln. Diese werden im Fließtext eingeführt.

Protokoll: Bildet das relevante Organisationsgeschehen, welches im Rahmen einer Sitzung adressiert wurde, adäquat ab bzw. spiegelt die erörterten Inhalte angemessen wider.

Reliabilität: Zuverlässigkeit und Genauigkeit der Messung.

Sampling(-Strategie): Begründete (und zielgerichtete) Auswahl konkreter Fälle (vgl. Fallauswahl).

Schneeballprinzip: Kontaktaufnahme mit Kontaktpartnern des vorherigen Kontaktes.

Sekundärdaten: Daten, die nicht direkt (selbst) erhoben wurden, jedoch das gleiche Phänomen betreffen.

Theoretical Sampling: Fallauswahl (vgl. Fallauswahl) auf Basis theoretisch-konzeptioneller Überlegungen.

Tracing: Erfassung von Ortsdaten, z. B. Laufwege von Personen.

Transkription: Das schriftliche Fixieren aufgezeichneter Gesprächsinhalte.

Triangulation: Perspektivenabgleich aus unterschiedlichen Quellen heraus oder durch das Erfassen und Auswerten der Daten von mehreren Personen.